高职高专生物制药类专业实训教材

生物制药综合应用技术实训

主　编　宋小平

编　者（以姓氏笔画为序）

王雅洁（安徽医学高等专科学校）

王　清（合肥诚志生物制药有限公司）

宋小平（安徽医学高等专科学校）

李光伟（中国科技大学生物工程药物中试基地）

陈的华（安徽医学高等专科学校）

柳立新（安徽医学高等专科学校）

彭　文（合肥天麦生物科技发展有限公司）

蔡晶晶（安徽医学高等专科学校）

东南大学出版社

SOUTHEAST UNIVERSITY PRESS

·南京·

图书在版编目(CIP)数据

生物制药综合应用技术实训 / 宋小平等编. — 南京：东南大学出版社,2013.6(2019.8 重印)
高职高专生物制药类专业实训教材 / 宋小平主编
ISBN 978-7-5641-4314-5

Ⅰ.①生… Ⅱ.①宋… Ⅲ.①生物制品-生产工艺-高等职业教育-教材 Ⅳ.①TQ464

中国版本图书馆 CIP 数据核字(2013)第 130340 号

生物制药综合应用技术实训

出版发行	东南大学出版社
出 版 人	江建中
社　　址	南京市四牌楼 2 号
邮　　编	210096
经　　销	江苏省新华书店
印　　刷	南京工大印务有限公司
开　　本	787mm×1 092mm　1/16
印　　张	7.75
字　　数	200 千字
版　　次	2013 年 6 月第 1 版　2019 年 8 月第 2 次印刷
书　　号	ISBN 978-7-5641-4314-5
定　　价	20.00 元

*** 本社图书若有印装质量问题,请直接与营销部联系,电话:025-83791830。**

前　言

教育部《关于全面提高高等职业教育教学质量的若干意见》(教高〔2006〕16 号)第五条提出“大力推行工学结合,突出实践能力培养,改革人才培养模式”。《生物制药综合应用技术实训》本着落实 16 号文件精神,针对高等职业教育培养技术性专门人才的定位及培养目标,将“以就业为导向,重视教学过程的实践性、开放性和职业性,走工学结合道路,培养高素质技能型专门人才”作为教材的指导思想。按照“必需、够用”的原则,确定相关应用知识,突出职业技能的培养,使学生毕业后能适应并胜任生物制药生产岗位工作。本教材在编写过程中有如下特点:

1. 基于生物药品生产企业典型药物的生产流程,我们设计了十三个项目,每个项目包含若干任务,每个任务对应于药物生产流程中的“开始生产(原料加工处理)、培养基制备与灭菌、种子培养、发酵培养、生产过程检测、药物提取分离、药物制剂”等,每一任务内容的选取,严格参照职业标准,任务实施过程模拟职场化。

2. 每个项目以典型药物生产操作技术为核心,以与其相关知识、必需知识、拓展知识为依托整合教学内容,教材编排有利于实施项目导向和任务驱动方式的教学改革,以强化学生职业能力和自主学习能力。

3. 本教材融合理论与实践一体化,“教、学、做”相结合。在具体实施时,可根据教学条件灵活采用书中的体验式教学模式组织课堂教学,使学生在“做中学,学中做”;也可以按照实训操作任务,以案例式教学模式组织课堂教学。

本书在编写过程中得到了安科生物有限公司张文军、诚志生物制药有限公司王清和中国科技大学生物工程药物中试基地李光伟工程师的指导,在此致以衷心的感谢。

宋小平

2013 年 3 月 22 日

目　录

实训守则

一、进入规定

1. 只有经过批准的人员才可进入实训室，不带无关的人和动物进入实训室。
2. 与实训工作无关的物件不得带入实训室。
3. 严格按照人员净化程序进入实训室，严格控制实训室人数。

二、人员防护规定

1. 离开实训室应及时洗手或手消毒。
2. 严禁穿着工作服去餐厅等地方。
3. 严禁在实训工作区域进食、饮水、吸烟、化妆和处理隐形眼镜。
4. 严禁在实训室工作区储存食品和饮料。
5. 严禁在实训室内穿着露脚趾的鞋子，严禁拖地行走。
6. 文件和纸张必须保证没有受到污染才能带出实训室。
7. 必要时，戴手套或口罩进行操作。

三、操作规范

1. 实训前认真预习，做到目的明确、原理清楚后方可进行实训。
2. 服从安排，进入指定位置进行实训并严格按照标准操作规程进行操作。
3. 安全操作各种设备和仪器，严禁超负荷、超量程操作，爱护仪器设备。
4. 保持实训室清洁整齐，每天工作结束之后，必须对工作区进行清洁、整理，必要时消毒。
5. 有毒、有害、强腐蚀性、生物危险废液与废物应统一处理，严禁直接倾倒。
6. 离开实训室前，认真检查水、电、气是否关闭。

四、记录要求

1. 原始记录须记载于正式记录本上，记录本不得缺页或挖补。
2. 应及时记录并处理数据，严禁隔天记录或写在纸片上。
3. 使用蓝色或黑色的钢笔、碳素笔等记录，除特殊要求外不得使用铅笔或易褪色的笔记录。
4. 字迹工整，采用规范的专业术语、计量单位及外文符号，英文缩写第一次出现时须注明全称及中文释名。
5. 完整记录时间、地点、项目、仪器与试剂、步骤、结果等内容。
6. 结果、表格、图片、照片应直接记录或订在记录本中。
7. 记录需修改时，采用划线方式去掉原书写内容，但须保证原记录仍可辨认。严禁随意涂抹或完全涂黑原记录。

项目一　发酵罐的认知和使用

背景知识:5BGZA 型号机械搅拌发酵罐

一、5BGZA 型发酵罐管路

5BGZA 型发酵罐管路包括气路和水路。其中气路主要对空气进行净化。压缩空气经净化器(外接)进入气源接口、减压稳压器、空气流量计、空气出口进入空气过滤器到达反应器内,经特制的空气分布器分散后,进入培养基,尾气经冷凝器后排口排出,本管路具减压、计量、净化作用。水路有三条:水进盘管;水进冷凝器;夹套注水。

二、5BGZA 型号发酵系统组成

5BGZA 型号发酵系统由罐体、控制装置和空气压缩机组成。

1. 罐体　搅拌装置,加热及冷却装置,通气及排气,测量装置(温度、搅拌转速、pH、p_{O_2}、泡沫),接种,取样及排料。

2. 控制装置

(1) 参数输入及显示装置,用以输入控制发酵条件的各种参数及显示发酵过程中罐内培养液的温度,pH、DO(溶氧)的测定数值。

(2) 电极校正装置:用以校正 pH 电极和 DO 电极等。

(3) 补料及酸、碱泵。

(4) 电极连接导线:有三条连接导线,分别与 pH、DO 和 AF(消泡)电极连接。

(5) 自动或人工控制按钮。

3. 空气压缩机　产生、净化、压缩空气的作用。

5BGZA 型发酵罐具有如下特点:①轴封严密,泄漏少;②能承受一定压力、温度(罐体总容积 5L,设计压力 1.2 kg/cm^2,最高工作压力 1.0 kg/cm^2,设计工作温度 126 ℃);③搅拌通风装置,保证气液充分混合;④具有足够的冷却面积;⑤死角少,灭菌彻底(罐内应抛光);⑥适宜的径高比。

三、电极的标定和维护

1. pH 电极的零点和斜率标定(图 1－1)

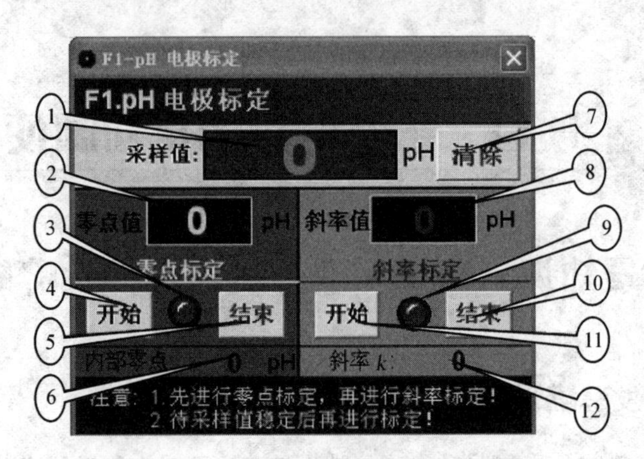

图 1－1　pH 电极的零点和斜率标定

打开 pH 电极标定画面：

(1) pH 电极当前测量值。

(2)〈零点标定〉是标定缓冲液的 pH，一般为 6.86 pH。

(3)〈零点标定〉状态指示灯，标定时亮。

(4)〈零点标定〉开始按钮。

(5)〈零点标定〉结束按钮。

(6) 内部零点值：即与理想化的电极零点差值，单位为 pH，应在±2.0 pH 内。

(7) 恢复出厂默认值按钮。

(8) 斜率标定是标定缓冲液的 pH，一般为 4.00 pH。

(9)〈零点标定〉开始按钮。

(10)〈零点标定〉结束按钮。

(11) 斜率值 K：即与理想化的电极斜率比值，无单位，应在 0.2～5 范围内。

2. 溶氧电极标定　DO 电极标定与 pH 电极基本相同，不再描述。

3. 电极维护　依据《pH 电极使用、维护和保养操作规程》和《DO 电极的使用、维护和保养操作规程》进行。

任务 1　发酵罐的认知

一、任务目标

1. 认识发酵管路分布。
2. 认识 5BGZA 型号机械搅拌发酵罐结构组成。
3. 了解 5BGZA 型号机械搅拌发酵罐主要部件的功能和维护要点。
4. 初步学会维护 5BGZA 型号机械搅拌发酵罐主要部件，如 pH 电极、DO 电极的标定、维护和保养。

二、任务内容

1. 认识发酵管路组成。
2. 熟悉 5BGZA 型机械搅拌发酵罐结构。
3. 初步学会 pH 电极、DO 电极的标定、维护和保养。

三、相关知识

机械搅拌发酵罐的结构特点；电极标定液和保护液的配制。

四、任务需要的仪器设备材料

1. 仪器设备　5BGZA 型号机械搅拌发酵罐，空气压缩机，BX-2000 循环冷冻机等。
2. 试剂　邻苯二钾酸氢钾，磷酸二氢钾缓冲液，3MKCl(或饱和 KCl)，饱和亚硫酸钠。

五、任务实施

1. 5BGZA 型发酵罐管路。
2. 5BGZA 型号发酵系统组成。
3. 电极的标定和维护。

六、归纳总结

发酵管路组成；5BGZA 型号机械搅拌发酵罐结构；pH 电极、DO 电极的标定、维护和保养。

七、拓展提高

pH 电极、DO 电极的种类、结构和原理。

任务 2　发酵罐的实罐灭菌

一、任务目标

1. 初步学会 5BGZA 型号机械搅拌发酵罐实消方法。
2. 在老师的指导下能进行发酵前的准备工作。
3. 独立地进行 pH 电极、DO 电极的标定、维护和保养。

二、任务内容

1. 配制发酵培养基。
2. 灭菌前准备。
3. 实罐灭菌操作。

三、相关知识

发酵罐实罐灭菌原理和操作要点。

四、任务需要的仪器设备材料

1. 仪器设备　5BGZA 型号机械搅拌发酵罐，空气压缩机，BX－2000 循环冷冻机等。
2. 试剂　邻苯二钾酸氢钾，磷酸二氢钾缓冲液，3MKCl（或饱和 KCl），饱和亚硫酸钠。
3. 发酵培养基。

五、任务实施

pH 电极的零点和斜率标定以及 DO 电极的零点标定在灭菌之前完成。

（一）配制发酵培养基

配制 2L 发酵培养基，调好 pH 值，并倒入发酵罐。

（二）灭菌前准备

1. 连接公用管线　按照任务一连接或检查水路和气路管道是否接好。

2. 连接罐盖上的接管　①取样阀 K8 口与平衡口 K6 用硅胶管连通并放开弹簧夹 J2；②排气过滤器 K2 出口与进气口 K5 用硅胶管连接放开弹簧夹 J3 夹紧，防止消毒过程中培养基倒流进入过滤器；③进气过滤器进气口 K7 用硅胶管连接后用弹簧夹夹紧；④将 pH 电极装入 N17 口并用闷帽盖紧电极上端口，防止因电缆插口受潮导致电极故障；⑤将溶氧电极装入 N11 口并用铝铂纸包裹电极上端口，防止因电缆插口受潮导致电极故障；⑥盖紧其他罐盖接口。

（三）实罐灭菌操作

1. 开夹套排气阀 V03，开夹套进水阀 W03，将夹套注满水，关阀 W03 和 V03，移去蒸汽平衡阀 S02。

2. 用保护罩盖住发酵罐并用螺钉锁紧法兰，开保护罩顶部排气阀 V04。

3. 启动搅拌马达，调转速 300 rpm。

4. 开排水阀 V01 和排气阀 V04。

5. 在控制器打开灭菌操作画面，设定温度 1（电加热关闭温度，通常比 T2 低 3～5 ℃）、温度 2（灭菌保温温度）、温度 3（发酵温度），设定保温时间，启动灭菌。

6. 当 V04 口有蒸汽排出时，2 分钟后关闭 V04，当罐温接近 120 ℃或保温温度时微开阀 V04 和 V03 适量排气。保温结束后，关冷凝水阀 V02，开排水阀 V01，温度将自动降到设定的温度 3。

（四）灭菌结束

当温度降至 100 ℃以下，缓缓开排气阀 V04（排气过大易损坏排气过滤器），使保护罩顶部的压力表指示为零（保护罩内无压力），移去保护罩。

（五）清场

任务结束，学生按照清场操作规程对设备、房间进行清洁消毒。

六、归纳总结

发酵罐实罐灭菌原理和操作要点。

七、拓展提高

设备常见故障及排除方法。

任务3　发酵操作

一、任务目的

1. 学会发酵前准备、接种、取样、补料和放料操作。
2. 学会对发酵过程进行监控,并对产物进行检测。

二、任务内容

1. 发酵准备。
2. 接种。
3. 取样。
4. 补料。
5. 放料。
6. 清场。

三、相关知识

种子制备知识;接种注意事项;补料原理、发酵过程控制;产物检测。

四、任务所需的材料和设备

1. 仪器设备　5BGZA型号机械搅拌发酵罐,空气压缩机,BX-2000循环冷冻机等。
2. 试剂　葡萄糖,硫酸铵,尿素,消泡剂。
3. 种子。

五、任务实施

(一)发酵准备

1. 消毒结束后,取下保护罩。

2. 将进气过滤器F1与控制箱左侧空气出口连通,开弹簧夹,开空气流量计调节阀,对发酵罐进行通气,调整空气流量每分钟3～5 L。

3. 当温度到达工艺要求时,调节搅拌转速,空气流量,罐压,标定溶氧电极的斜率及校正pH电极的零点。

4. 开阀W03使夹套充满水。

(二)接种

调节进气量至每分钟3～5 L,旋松接种口,在火焰保护下,打开接种口,倒入种子,然后旋紧接种盖,移去火焰圈。在控制器的初始化菜单上按 F1 设定"发酵批号"并确认,再按 F2 发酵开始并确认,发酵数据才能自动保存。设定发酵过程参数及适宜的控制模式。

(三) 补料操作

1. 硅胶管安装　将经灭菌消毒的补料瓶及输液管放置于搁架上,开蠕动泵透明的防护盖,掰开蠕动泵进出口处的白色管夹,将硅胶管(近料瓶端)嵌入入口处的管夹并夹紧,用手转动蠕动泵泵头,同时将硅胶管沿蠕动泵凹槽安装直至蠕动泵出口处,然后开蠕动泵手动开关约 10 秒钟左右再夹紧蠕动泵出口处管夹,关手动开关。

2. 将乙醇棉球放在罐盖补料口内,然后将针头插入并穿透密封盖。

3. 打开蠕动泵手动开关,使输液管中充满料液。置蠕动泵开关于自动状态。

4. 酸碱液、消泡剂操作同补料操作。

(四) 取样

用弹簧夹 J2 夹紧取样器 K8 与 K6 口间的平衡硅胶管,将出料管放入接料瓶,开弹簧夹 J1,发酵液被压入接料瓶(也可以减少排气增加罐压加快取样速度),开 J2,利用罐内空气排出取样管内残料后放开 J1,夹紧出料口。

(五) 放料

同取样操作。

六、归纳总结

发酵操作要点和注意事项。

七、拓展提高

设备常见故障及排除方法。

(宋小平)

项目二　谷氨酸生产过程及工艺控制

项目有关的背景知识

一、谷氨酸的代谢通路、关键酶、调控机制

(一) 代谢途径

谷氨酸的代谢途径见图 2－1。

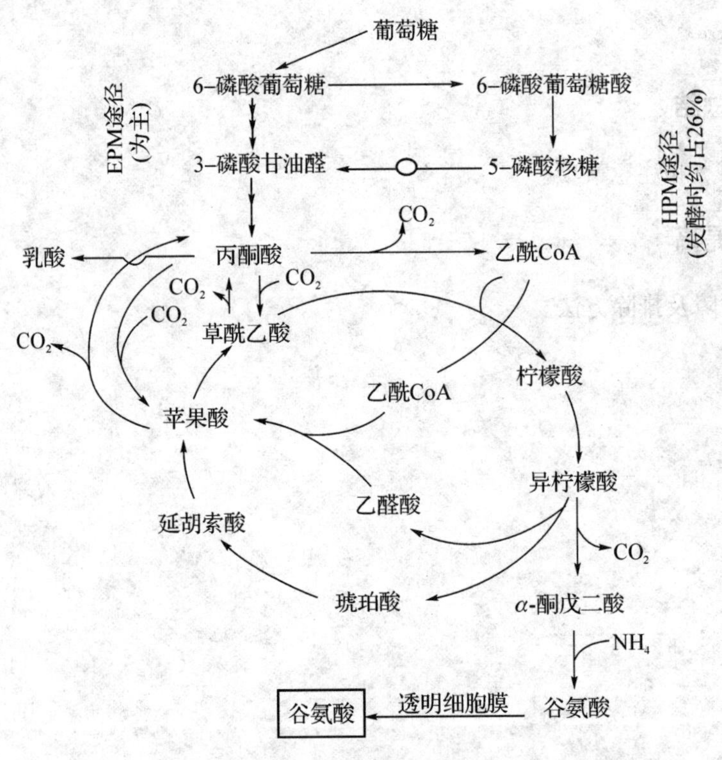

图 2－1　谷氨酸的代谢途径

谷氨酸产生菌中谷氨酸的生物合成途径如图所示：其中的代谢途径包括糖酵解途径(EMP)、磷酸己糖途径(HMP)、三羧酸循环(TCA 循环)、乙醛酸循环、伍德-沃克曼反应(CO_2

固定反应)等。葡萄糖经过 EMP(主要)和 HMP 途径生成丙酮酸,其中一部分氧化脱羧生成乙酰 CoA 进入 TCA 循环,另一部分固定 CO_2 生成草酰乙酸或苹果酸,草酰乙酸与乙酰 CoA 在柠檬酸合成酶催化下,所合成柠檬酸,再经过氧化还原共扼的氨基化反应生成谷氨酸。

(二) 关键酶

α-酮戊二酸脱氢酶、谷氨酸脱氢酶。

(三) 调控机制

1. 谷氨酸比天冬氨酸优先合成,谷氨酸合成过量后,谷氨酸的生物合成受其自身的反馈抑制和反阻遏,代谢转向合成天冬氨酸。

2. 磷酸烯醇式丙酮酸羧化酶是催化 CO_2 固定的关键酶,受谷氨酸的反馈抑制。

3. 柠檬酸合成酶是三羧酸循环的关键酶,除受能荷调节外,还受谷氨酸的反馈阻遏。

4. 谷氨酸脱氢酶受谷氨酸的反馈抑制和阻遏。

5. 生物素的影响 在谷氨酸生产过程中,生物素的主要作用是作为乙酰辅酶 A 的辅酶影响磷脂的合成,进而影响谷氨酸产生菌细胞膜的通透性,同时也影响菌体的代谢途径。使用生物素缺陷型菌株进行谷氨酸发酵时,必须限制发酵培养基中生物素的浓度。若生物素缺乏,菌株生长不好,初级代谢减慢或受阻,间接引起乙醛酸循环中四碳二羧酸氧化能力下降,使 α-酮戊二酸和 NADPH 减少,从而使谷氨酸合成下降;若生物素过量,菌体生长快,解糖速度加快,比丙酮酸进一步氧化要快,造成乳酸积累。生物素只有控制在亚适量时,才能既有利于谷氨酸的合成,又有利于谷氨酸向细胞外渗透。目前,企业多采用添加玉米浆、糖蜜或纯生物素等形式控制生物素的亚适量。谷氨酸发酵生产中生物素浓度的控制要根据菌种的特性、发酵工艺条件、发酵培养基的种类、发酵原料的来源、发酵过程中的糖浓度、pH 和生物素浓度及供氧条件、设备状况等综合考虑。

二、谷氨酸发酵的优化问题

谷氨酸发酵是典型的代谢控制发酵,环境条件对谷氨酸发酵具有重要的影响,控制最适宜的环境条件是提高发酵产率的重要条件。

1. 碳源 目前使用的谷氨酸生产菌均不能利用淀粉,只能利用葡萄糖、果糖等,有些菌种还能利用醋酸、正烷烃等做碳源。在一定的范围内,谷氨酸产量随葡萄糖浓度的增加而增加,但若葡萄糖浓度过高,由于渗透压过大,则对菌体的生长很不利,谷氨酸对糖的转化率降低。国内谷氨酸发酵糖浓度为 125～150 g/L,但一般采用流加糖工艺。

2. 氮源 常见无机氮源:尿素,液氨,碳酸氢铵。常见有机碳源:玉米浆,豆浓,糖蜜。当氮源的浓度过低时会使菌体细胞营养过度贫乏形成“生理饥饿”,影响菌体增殖和代谢,导致产酸率低。随着玉米浆的浓度增高,菌体大量增殖使谷氨酸非积累型细胞增多,同时又因生物素过量使代谢合成磷脂增多,导致细胞膜增厚,不利于谷氨酸的分泌,造成谷氨酸产量下降。碳氮比一般控制在 100∶(15～30)。

3. 磷 当磷浓度过高时,很容易发生发酵转换,转向合成缬氨酸;但磷浓度过低,则菌体生

长不好，不利于高产酸。

4. 生物素　随着生物素添加量的不断增加，发酵产酸先增大、后减小。

5. 溶氧　谷氨酸发酵是典型好氧发酵，溶解氧对谷氨酸产生菌种子培养影响很大。溶解氧过低，菌体呼吸受到抑制，从而抑制生长，引起乳酸等副产物的积累；但是并非溶氧越高越好，当溶氧满足菌的需氧量后继续升高，不但会造成浪费，还会由于高氧水平而抑制菌体生长和谷氨酸的生成。

6. pH　在谷氨酸发酵过程中，随着谷氨酸的不断生成，发酵液的 pH 不断的减小，对谷氨酸菌产生抑制，为了维持发酵的最佳条件，采用流加尿素和液氨(现在大多采用的是液氨)的方法。发酵法在微生物发酵阶段，主要是获得谷氨酸，在氨过量存在的情况下以谷氨酸铵的形式存在，所以从发酵罐出来的是谷氨酸铵，而不是我们所希望的谷氨酸。

7. 温度　在整个流加发酵中，并非一定要控制恒温培养，因为菌体最适生长温度不一定是菌体积累代谢终产物的最佳温度。谷氨酸菌体最适生长温度为 30～32 ℃；谷氨酸最适合成温度为 34～37 ℃；发酵初期温度提高可以缩短细胞生长时间，减少发酵总时间；发酵中、后期的菌体活力较强，适当提高发酵温度有利于细胞膜渗透性和产酸，故温度应控制稍高一些。

8. 接种时间　利用对数生长期中后期的种子接种，可缩短其延滞期，而且菌体生长迅速，菌体浓度相对较高，有利于缩短发酵周期，提高代谢产物的产量。

9. 接种量　接种量大小直接影响发酵产酸。接种量太小，发酵前期生长缓慢，发酵整个时间长，菌种的活力下降，发酵效果差；接种量过大，会引起菌体增长过快，单位体积内的养料和溶氧供应不足，代谢废物较多，不利于产酸。接种量适宜，能减少染菌机会，缩短发酵周期，因此，接种量一般要求以适量为原则。

任务1　培养基的配制和灭菌

一、任务介绍(任务描述)

在模拟仿真生产环境下完成培养基的配制和灭菌工作。要求：

1. 能合理选用和制备谷氨酸棒杆菌生长所用的培养基。
2. 了解配制培养基的原理,会配制培养基的一般方法和步骤。
3. 按照标准操作规程,能安全操作高压灭菌锅,并进行日常维护。
4. 按照标准操作规程,正确使用培养基制备中常用的仪器,如天平、加热设备、pH 计等。

二、任务分析

培养基(Media)是适合微生物生长繁殖或累积代谢产物的营养基质。由于各类微生物对营养的要求不同,培养目的和检测需要不同,因而培养基的种类很多。无论何种培养基,都必须含有碳源、氮源、能源、无机盐、生长因子和水,这些营养物按照一定的比例配方,在适合微生物生长繁殖的 pH 和温度下,经过灭菌后才可以使用。培养基的配制一般经过称量、溶化、调 pH、分装、灭菌。

三、相关知识

培养基的营养成分及功能、类型和用途,培养基的选择和确定,培养基灭菌的方法。

四、任务需要的材料

(一) 培养基配方

斜面培养基　葡萄糖 0.1%,蛋白胨 1.0%,牛肉膏 1.0%,氯化钠 0.5%,琼脂 2.0%～2.5%,pH7.0～7.2(传代和保藏斜面不加葡萄糖)。

(二) 试剂和仪器

1 mol/L NaOH 溶液,1 mol/L HCl 溶液,pH 试纸,电子天平,药匙,称量纸,锥形瓶,烧杯,量筒,试管,无菌培养皿,玻璃棒,棉花,牛皮纸或报纸,封口膜,线绳,纱布,刻度移液管等。

五、任务实施

(一) 操作前准备

1. 培养基制备操作人员按《进入生产控制区更衣程序》进行更衣。
2. 检查操作间是否有清场合格标志,并在有效期内,否则按清场标准操作规程进行清场并经 QA 人员检查合格后,填写清场合格证,才能进行下一步操作;将“清场合格证”附入批生产记录。

3. 检查设备是否有“合格”、“已清洁”标牌，并对设备进行检查，确认设备正常，方可使用。

4. 挂运行状态标志，进入操作。

（二）生产操作

1. 培养基的配制

(1) 称量：按照批生产记录和培养基的配方，计算称量的量，准确称取各成分。

(2) 溶化：在烧杯中加入适量的水（按需要可为蒸馏水或自来水，水量略少于要配制的培养基的量）加热，然后依次加入各组分（琼脂暂时不加），使其溶解（加热过程中应不断搅拌以免糊底），待完全溶解后补足水量。

(3) 调节 pH：初制备好的培养基往往不能符合所要求的 pH，如培养基偏酸或偏碱时，可用 1 mol/L NaOH 或 1 mol/L HCl 溶液进行调节。调节 pH 时，应逐滴加入 NaOH 或 HCl 溶液，防止局部过酸或过碱，破坏培养基中成分。边加边搅拌，并不时用 pH 计或试纸测试，直至达到所需 pH 为止。

(4) 配制固体培养基：将已配好的液体培养基加热煮沸，将称好的琼脂（1.5%～2.0%）加入，并用玻璃棒不断搅拌，以免糊底烧焦。继续加热至琼脂全部融化，最后补足因蒸发而失去的水分。

2. 培养基的分装　将制好的培养基分别分装入试管，瓶口塞上棉塞（或硅胶泡沫塞），用牛皮纸包扎管（瓶）口。分装时注意不要使培养基玷污管口，以免造成污染。如操作不小心，培养基玷污管口时，可用镊子夹一小块脱脂棉，擦去管口的培养基，并将脱脂棉弃去。

分装入试管的培养基量，如用作保存菌种用的斜面，分装高度以试管高度的 1/4～1/5 为宜。如用作平板，用的大试管则装 12～15 ml 左右。半固体培养基分装试管一般以管高度 1/3 为宜，灭菌后制成斜面或垂直待凝成半固体深层琼脂。

3. 培养基的灭菌　培养基经分装包扎后，应立即进行高压蒸汽灭菌，0.1 MPa 灭菌 20 分钟。如培养基中含葡萄糖，则无菌条件为 0.075 MPa 灭菌 20～30 分钟。如因特殊情况不能及时灭菌，则应暂存于冰箱中。

(1) 需灭菌的物品（分装在试管、三角烧瓶中的固、液体培养基）用防潮纸包好（防止锅内水汽把棉塞淋湿），放入灭菌锅内。

(2) 将灭菌锅盖的蒸汽管插入套筒侧壁的凹槽内，关闭灭菌锅盖，旋紧螺栓，切勿漏气。

(3) 打开放气阀，加热，热蒸汽上升，以排除锅内冷空气，排气 5～10 分钟，关闭放气阀。

(4) 关闭放气阀后，整个灭菌锅成为密闭状态，而蒸汽又不断增多，这时压力和温度都上升，当温度升至 121℃，保持 20～30 分钟即达到灭菌目的。

(5) 灭菌完毕，待压力自然降至“0”时，打开放气阀。注意不能打开过早，否则突然降压致使培养基冲腾，使棉塞、硅胶泡沫塞沾污，甚至冲出容器以外。

(6) 打开灭菌锅盖，取出已灭菌的器皿及培养基。

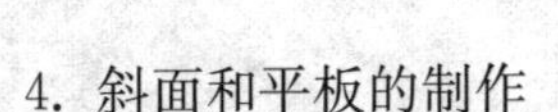

4. 斜面和平板的制作

(1) 斜面的制作：将已灭菌装有琼脂培养基的试管，趁热置于木棒上，使成适当斜度，凝固后即成斜面(图 2 - 2)。斜面长度不超过试管长度 1/2 为宜。如制作半固体或固体深层培养基时，灭菌后则应垂直放置至冷凝。

(2) 平板的制作：将装在锥形瓶或试管中已灭菌的琼脂培养基融化后，待冷至 50 ℃左右倾入无菌培养皿中。温度过高时，皿盖上的冷凝水太多；温度低于 50 ℃，培养基易于凝固而无法制作平板。平板的制作应在火焰旁进行，左手拿培养皿，右手拿锥形瓶的底部或试管，左手同时用小指和手掌将棉塞打开，灼烧瓶口，用左手大拇指将培养皿打开一缝至瓶口正好伸入，倾入 10～12 ml的培养基(图 2 - 3)。迅速盖好皿盖，置于桌上，轻轻旋转平皿，使培养基均匀分布于整个平皿中，冷凝后即成平板。

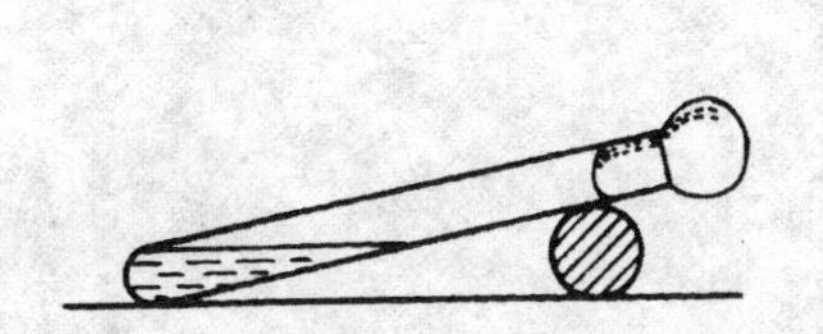

图 2 - 2　斜面的放置

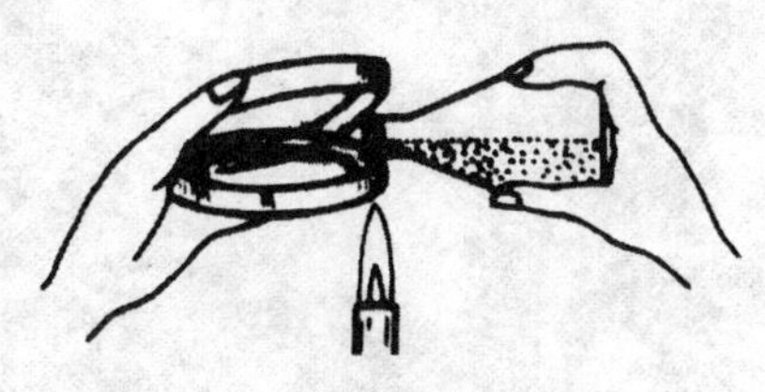

图 2 - 3　将培养基倒入培养皿内

5. 培养基的无菌检查　灭菌后的培养基，一般需进行无菌检查。最好从中取出 1～2 管(瓶)，置于 37℃恒温箱中培养 1～2 天，确定无菌后方可使用。

(三) 生产结束

1. 按《称量间清场操作规程》和《配制间清场操作规程》对仪器、房间进行清洁消毒。

2. 填写批生产记录，并签字。

3. 填写清场记录，经 QA 检查员检查合格，并签发“清场合格证”。

(四) 标准操作规程

1. 培养基配制岗位标准操作规程。

2. pH 计操作、维护规程。

3. 高压蒸气灭菌锅标准操作规程。

4. 子天平操作程序规程。

5. 锁传递柜(门)操作规程。

6. 量间清场操作规程。

7. 制间清场操作规程。

六、任务归纳总结

(一) 生产工艺管理要点

1. 称量间、配制间保持 GMP 要求的洁净度级别。

2. 正确配制培养基。

（二）质量控制关键点

培养基的无菌检查。

七、任务的拓展提高

设备常见故障及排除方法。

任务2　谷氨酸生产菌种的制备

一、任务介绍

在模拟仿真生产环境下完成谷氨酸菌种的制备。要求：

1. 熟悉发酵工业菌种的复壮工艺和质量控制。
2. 完成谷氨酸菌种的制备。
3. 按照超净工作台操作规程，在局部洁净区进行菌种的制备。

二、任务分析

谷氨酸棒杆菌在合适的培养基中经摇瓶培养能快速生长，得到大量健壮的种子。谷氨酸棒杆菌生长速度较快，接种量一般在1%～2%。发酵工业生产过程中种子必须满足以下条件：

1. 菌种细胞的生长活力强，移种至发酵罐后能迅速生长，迟缓期短。
2. 生理形状稳定。
3. 菌体总量及浓度能满足大容量发酵罐的要求。
4. 无杂菌污染。
5. 保持稳定的生产能力。

三、相关知识点

菌种制备的主要手段是扩培，其出发点就是尽可能地培养出高活性、能满足大规模发酵需要的纯种。菌种扩培的顺序是：斜面菌种、一级种子、二级种子。

四、任务需要的材料

1. 菌种　谷氨酸棒杆菌。
2. 仪器设备　试管、三角瓶、高压灭菌锅、摇床、培养箱、显微镜、分光光度计、超净工作台等。

五、任务实施

（一）操作前准备

1. 制种操作人员按《洁净区人员更衣规程》进行更衣。
2. 检查操作间是否有清场合格标志，并在有效期内。否则按清场标准操作规程进行清场，并经QA人员检查合格后，填写清场合格证，才能进行下一步操作。将“清场合格证”附入批生产记录。

3. 打开超净工作台的紫外线和鼓风机，灭菌 30 分钟，挂运行状态标志。

4. 检查生化培养箱和摇床是否有“合格”、“已清洁”标牌，并对设备进行检查，确认设备正常，挂运行状态标志，方可使用。

5. 根据“批生产指令”填写领料单，到菌种部门领取菌种。

（二）生产操作

1. 斜面种子的制备

(1) 配制斜面培养基，加热溶解后分装到已灭菌的空试管中，装量为 1/4～1/5，0.1 MPa 灭菌 30 分钟放斜面。

斜面培养基配方：葡萄糖 0.1%，蛋白胨 1.0%，牛肉膏 1.0%，氯化钠 0.5%，琼脂 2.0%～2.5%，pH 7.0～7.2。

(2) 斜面在 37 ℃空培 24 小时，检查无菌后备用。

(3) 将原种上的菌苔划线接种到新制斜面上，32 ℃培养 24 小时，制成斜面菌种。

2. 一级种子培养　一级种子的培养目的在于制备大量高活性的菌体。

培养基配方如下：葡萄糖 2.5%，尿素 0.5%，硫酸镁 0.04%，磷酸氢二钾 0.1%，玉米浆 2.5%～3.5%(按质增减)，硫酸亚铁 2 mg/L、硫酸锰 2 mg/L，pH7.0。

1 000 ml 三角瓶中装 200 ml 培养基，8 层纱布封口，0.1 MPa 灭菌 30 分钟，冷却后接种，接种量为一支斜面接一瓶。30～32 ℃摇床培养 12 小时，如用旋转式摇床，转速为 170～190 转/分。

一级种子质量标准：种龄：12 小时；pH：6.4+0.1；ΔOD(660 nm 光密度净增值)>0.5；RG(残糖)0.5%以下。

3. 二级种子培养　二级种子的培养目的在于制备和发酵罐体积及培养条件相称的高活性菌体。

培养基配方：葡萄糖 2.5%；尿素 0.34%；磷酸氢二钾 0.16%；糖蜜 1.16%；硫酸镁 0.043%；消泡剂 0.086 ml/L；pH7.0。

0.1 MPa 灭菌 10～15 分钟，冷却后接种，摇床培养 7～8 小时。

二级菌种质量标准：种龄 7～8 小时；pH7.2；ΔOD600>0.5；无菌检查：阴性；噬菌体检查：阴性。

4. 并种　将每 5 瓶二级菌种在无菌条件下合并在 1 000 ml 的抽滤瓶里(抽滤瓶先经 0.1 MPa灭菌 30 分钟)，放入冰箱待用。

5. 培养。

（三）生产结束

1. 接种结束后，关闭设备所有开关，关闭总电源。

2. 填写《生产菌种制备与移交记录——固体菌种》、《生产菌种制备与移交记录——液体菌种》。

3. 按《菌种间清场操作规程》对设备、房间进行清洁消毒。

4. 填写清场记录，经 QA 检查员检查合格，在批生产记录上签字，并签发“清场合格证”。

（四）标准操作规程

1. 菌种岗位标准操作规程。
2. 超净工作台标准操作规程。
3. 菌种间清场操作规程。

六、归纳总结

（一）生产工艺管理要点

1. 菌种操作室保持 GMP 要求的洁净度级别。
2. 接种后放置生化培养箱或摇床培养。
3. 接种过程应确保严格的无菌操作。

（二）质量控制关键点

无菌操作。

七、拓展提高

设备常见故障及排除方法。

任务3　谷氨酸发酵生产控制

一、任务介绍

在模拟仿真生产环境下完成谷氨酸发酵生产及发酵产物检测工作。要求：

1. 熟悉工业上生产氨基酸的方法。
2. 学会初级代谢产物谷氨酸发酵过程监测。
3. 能进行本产品生产所用的仪器仪表使用、保养以及处理常见的故障。

二、任务分析

谷氨酸发酵是典型的代谢控制发酵，使用菌种集中在棒状杆菌和短杆菌属，它们都是生物素缺陷型。发酵过程中，通过控制生物素亚适量或添加吐温60或青霉素等，调节细胞膜渗透性，使细胞内生成的谷氨酸分泌到发酵液中。生物素是催化脂肪酸生物合成最初反应的关键酶乙酰CoA羧化酶的辅酶，参与脂肪酸的合成，进而影响磷脂的合成。谷氨酸发酵中控制生物素亚适量即生物素初浓度为5～10 mg/L。发酵初期，菌体正常生长，当生物素耗尽菌体再次繁殖时，形成磷脂合成不足的不完全的细胞膜，菌体伸长、膨大，完成谷氨酸非积累型细胞向谷氨酸积累型细胞的转变，细胞产生的谷氨酸分泌到细胞外。

三、相关知识点

代谢控制发酵原理，谷氨酸发酵过程中过程控制的一般方法。

1. 物理参数　温度、压力、体积(V)、空气流量、搅拌转速等。
2. 化学参数　pH、溶氧。
3. 生物参数　菌体浓度、生物基质浓度、代谢产物浓度等。

(1) 菌体浓度：取样，离心沉降，称湿重或细胞干重、比浊法、活菌计数等。

(2) 生物基质浓度、代谢产物浓度：一般采用酶法分析、化学分析或色谱法。

四、任务需要的材料

1. 菌种　谷氨酸棒杆菌。
2. 发酵培养基配方　葡萄糖2.5%；尿素0.34%；磷酸氢二钾0.16%；玉米浆2.0%；硫酸镁0.043%；pH7.0、115 ℃灭菌15～20分钟。

五、任务实施

（一）操作前准备

1. 操作人员按《生产区人员更衣规程》进行更衣。

2. 检查发酵工作操作间是否有清场合格标志，并在有效期内。否则按清场标准操作规程进行清场并经 QA 人员检查合格后，填写清场合格证，才能进行下一步操作。将“清场合格证”附入批生产记录。

3. 检查设备是否有“合格”、“已清洁”标牌，并对设备进行检查，确认设备正常方可使用。

4. 根据“批生产指令”填写领料单，到菌种部门领取菌种。

5. 挂运行状态标志，进入操作。

（二）生产操作

1. 发酵前准备工作。

2. 发酵罐实消　按照《发酵罐操作规程》进行。

3. 发酵操作　按照《发酵罐操作规程》进行。

(1) 接种：将 20 ml 种子培养液接种于装有 2 000 ml 酵培养基的 5 L 发酵罐中。

发酵前期（前 12 小时），发酵温度控制在 33～34℃，pH 7.2，每 4 小时测定一次菌体浓度和残糖，发酵 12 小时后测定培养液 pH，若 pH 低于 7.0，流加 25%(g/100 ml) 尿素，以控制发酵 pH；

发酵中期（12～36 小时），pH 控制如前期，每 8 小时测定一次菌体密度和残糖，发酵温度控制在 35～36 ℃；

发酵后期（36～48 小时），pH 控制在 7.0，每 8 小时测定一次菌体密度和残糖，发酵温度控制在 37～38 ℃。

(2) 补料：补料时在火焰保护下插针，需加酸时禁止采用 HCl（对不锈钢有腐蚀性）。

(3) 取样：用取样插针，用罐压压出。插针插入后，打开通气，关闭尾气。

(4) 放料：放料前，务必先要关闭温度和转速，确认面板显示“OFF”。

4. 清洗　按照《发酵罐操作规程》进行。

5. 关机　在关闭电源前，确认温度和转速处于“OFF”状态。电源关闭后，及时关闭冷却水。发酵罐在不使用的情况下，一般保持一定体积的清水。

（三）生产结束

1. 发酵结束后，关闭设备所有开关，关闭总电源。

2. 填写《发酵生产批报（发酵罐）》。

3. 按《发酵间清场操作规程》对设备、房间进行清洁消毒。

4. 填写清场记录，经 QA 检查员检查合格，在批生产记录上签字，并签发“清场合格证”。

（四）标准操作规程

1. 发酵岗位标准操作规程。

2. 发酵罐标准操作规程。

3. 发酵间清场操作规程。

六、归纳总结

(一) 生产工艺管理要点

1. 能按照GMP规范组织生产,协调各工序的工作,组织生产,质量控制。

2. 以发酵时间为横坐标,OD600、湿重和残糖量为纵坐标,绘制发酵曲线。

3. 确定该菌株发酵谷氨酸的主要影响因素及其较优发酵条件。

4. 明确影响谷氨酸发酵生产的因素有哪些,如何对其进行调控。

(二) 质量控制关键点

能进行与本车间相关的质量要点控制。

七、拓展提高

1. 能对本产品生产过程中的较重大事故隐患提出处理意见,并采取有效措施减少对生产的影响。

2. 具有应对事故的处理能力。

3. 能起草标准操作规程。

【附】

一、生物量的测定

原理:生物量的测定方法有比浊法和直接称重法等。由于细菌菌体在液体深层通气发酵过程中是以均一混浊液的状态存在的,所以可以采用直接比色法进行测定。

方法:取发酵液进行适当稀释,在600 nm下进行比色。

二、还原糖的测定(DNS比色法)

原理:3,5-二硝基水杨酸(简称DNS),在碱性条件下,还原糖与DNS共热,DNS被还原为3-氨基-5-硝基水杨酸(棕红色物质),还原糖则被氧化成糖酸及其他物质。在一定范围内,还原糖的量与棕红色物质颜色深浅的程度呈一定的比例关系,可在752型分光光度计540 nm波长测定棕红色物质的吸光度值。查标准曲线计算,可求出发酵液中还原糖的含量。

标准曲线的制作:取9支干燥试管,编号,按表2-1所示的量,精确浓度为1.00 mg/ml的葡萄糖标准液和3,5-二硝基水杨酸试剂。

表 2-1　还原糖标准曲线制作

加入试剂	0	1	2	3	4	5	6	7	8
葡萄糖标准液(ml)	0	0.2	0.4	0.6	0.8	1.0	1.2	1.4	1.8
葡萄糖浓度(μg/ml)									
蒸馏水(ml)	5.0	4.8	4.6	4.4	4.2	4.0	3.8	3.6	3.2
DNS 试剂(ml)	1.0	1.0	1.0	1.0	1.0	1.0	1.0	1.0	1.0

将各管摇匀，戴上小漏斗，在沸水浴中加热 5 分钟，立即用冷水冷却至室温，再向各管中加入蒸馏水 20.0 ml，用橡皮塞塞住管口，颠倒混匀。切勿用力振摇，引入气泡。在 540 nm 波长下，以 0 号管为空白，在分光光度计上测定 1～8 号管的吸光度值。以吸光度值为纵坐标，葡萄糖毫克数为横坐标，绘制标准曲线。

发酵液中残留还原糖的测定：发酵液单层滤纸过滤，滤液 0.2 ml 定容至 100 ml，稀释至含糖量 2～8 mg/100 ml 为试样。

取 4 支干燥试管，编号，按表 2-2 所示的量，精确加入待测液和试剂。

表 2-2　还原糖的测定

管号	空白	还原糖		
	0	1	2	3
样品量(ml)	0	2.0	2.0	2.0
蒸馏水(ml)	5.0	3.0	3.0	3.0
DNS 试剂(ml)	1.0	1.0	1.0	1.0

加完试剂后，其余操作步骤与制作葡萄糖标准曲线时的相同，测定出各管溶液的吸光度值。

计算：以管 1、2、3 的吸光度值的平均值在标准曲线上查出相应的还原糖毫克数，并计算样品中还原糖的百分含量。

任务 4　谷氨酸发酵液的预处理

一、任务介绍(任务描述)

在模拟仿真生产环境下完成谷氨酸发酵液的预处理工作。要求:

1. 能选择合理的方法进行谷氨酸发酵液的预处理。
2. 分析目标产物存在为止,并根据产品性质和存在方式对发酵液进行处理。
3. 按照标准操作规程,能安全操作离心机或过滤器,并进行日常维护。

二、任务分析

由于谷氨酸都是胞外产物,所以通过发酵法所制得的谷氨酸存在于发酵液中,提取谷氨酸的预处理就是要进行固液分离,去除菌体沉淀,获得澄清的发酵液上清。

三、相关知识

固液分离的基本方法有离心法和过滤法。其中,常用的离心设备有台式离心机和管式离心机。过滤法常用设备有板框压滤机、转鼓真空过滤机和膜组件等。在固液分离过程中,为了防止有效成分被破坏,应该在低温下进行。比如,采用低温冷冻离心机进行操作。

四、任务需要的材料

1. 设备　冷冻离心机、分光光度计。
2. 试剂　茚三酮试剂、纯化水。

五、任务实施

(一) 操作前准备

1. 按《进入生产区更衣程序》,预处理操作人员进出洁净区人员更衣规程进行更衣。

2. 检查操作间是否有清场合格标志,并在有效期内。否则按清场标准操作规程进行清场并经 QA 人员检查合格后,填写清场合格证,才能进行下一步操作。将“清场合格证”附入批生产记录。

3. 检查设备是否有“合格”、“已清洁”标牌,并对设备进行检查,确认设备正常,方可使用。

4. 根据“批生产指令”填写领料单,到发酵部门领取发酵液。

5. 挂运行状态标志,进入操作。

(二) 生产操作

1. 选择合适的转子和离心管,检查离心管并按照《冷冻离心机标准操作规程》安装离心机。

2. 将发酵液置于离心管中，并调节重量，保证对称放置的离心管质量差异在操作规程允许的范围内。

3. 按照《冷冻离心机标准操作规程》进行离心操作，4 ℃、6 000 转/分、离心 20 分钟。

4. 合并各管上清液，取样 1 ml 用前述茚三酮法测定谷氨酸含量。其他料液正确计量后于 0～4 ℃贮存。填写记录，附入批生产记录。

5. 菌体沉淀集中后灭菌后再丢弃。

（三）生产结束

1. 按《预处理间清场操作规程》对仪器、房间进行清洁消毒。

2. 填写批生产记录，并签字。

3. 填写清场记录，经 QA 检查员检查合格，并签发“清场合格证”。

（四）标准操作规程

1. 谷氨酸发酵液预处理岗位标准操作规程。

2. 冷冻离心机标准操作规程。

3. 预处理间清场操作规程。

六、任务归纳总结

（一）生产工艺管理要点

谷氨酸发酵液预处理洁净度按十万级要求；防止发酵微生物污染。

（二）质量控制关键点

离心时间、转速和温度的控制。离心过程中，由于高速运转产热会对氨基酸的稳定性产生影响。

七、任务拓展提高

离心机的维护和保养：使用前把离心机放在坚固的地面或台面上，机体不能晃动，确保电源等外围设施无故障后接入离心机。样品装载时一定要平衡，不平衡的样品会产生很大的力矩，轻者引起机器抖动或晃动，重者会扭曲转轴引起更大的抖动甚至断裂。使用中发现异常要立即关闭电源，不要等发生更严重后果后再关机，应该及时联系维修工程师。要定期对电动机碳刷等容易磨损部件进行更换，给轴承加注润滑油，检查维修容易损坏的元器件，确保机器工作状态正常，防患于未然。

（宋小平　李光伟）

项目三　谷氨酸的提取分离

任务1　离子交换法提取谷氨酸

一、任务介绍

在模拟仿真生产环境下完成离子交换法提取谷氨酸的操作。要求：

1. 熟练利用离子交换法提取谷氨酸，能根据谷氨酸的性质选择合适的树脂和提取条件。
2. 按照标准操作规程，能熟练操作和维护自动液相色谱分离层析仪。
3. 学会柱层析的一般工艺流程。

二、任务分析

氨基酸是两性电解质，谷氨酸的等电点为3.22。当pH≤3.22时，谷氨酸以阳离子状态存在，因此可以用阳离子交换树脂来提取。

三、相关知识

离子交换层析是用离子交换剂作固定相，利用它与流动相中的离子能进行可逆的交换性质来分离离子型化合物的层析方法。带电荷量少、亲和力小的先被洗脱下来，带电荷量多、亲和力大的，后被洗脱下来。

按活性功能基团带电荷性质不同，离子交换剂分为阳离子、阴离子交换剂。离子交换法可以用来分离多肽蛋白、氨基酸、核酸及其他带电的生物分子。

四、任务需要的材料

1. 树脂　732型苯乙烯强酸性阳离子交换树脂。
2. 原料　发酵液上清。
3. 仪器设备　自动液相色谱分离层析仪（包括恒流泵、梯度混合器、层析柱、数控自动部分收集器、紫外检测仪、仪器车、电脑及工作站软件），移液管，分光光度计，秒表，恒温水浴锅，酸度仪，纯化水。

4. 试剂　1 mol/L 盐酸溶液；1 mol/L 氢氧化钠溶液；4%～4.5%氢氧化钠溶液；pH2.2 缓冲液；茚三酮显色剂。

五、任务实施

（一）操作前准备

1. 提取操作人员按《洁净区人员更衣规程》进行更衣。

2. 检查操作间、配料间是否有清场合格标志，并在有效期内。否则按清场标准操作规程进行清场并经 QA 人员检查合格后，填写清场合格证，才能进行下一步操作。将“清场合格证”附入批生产记录。

3. 检查设备是否有“合格”、“已清洁”标牌，并对设备进行检查，确认设备正常，挂运行状态标志，方可使用；检查主要仪器、仪表是否经过校验，并在有效期内。否则应更换合格仪器、仪表。

4. 根据“批生产指令”填写领料单，到预处理部门领取发酵液上清，到物料部门领取物料。

5. 挂运行状态标志，进入操作。

（二）生产操作

1. 试剂配制

茚三酮试剂：2 g 水合茚三酮溶于 95%乙醇中，加水至 100 ml。

pH2.2 缓冲液：钠离子 0.20 mol/L，柠檬酸 21g，氢氧化钠 8.4g，盐酸 16 ml，加水至 1 L。可用 50%氢氧化钠或浓盐酸调 pH 2.2。

1 mol/L 盐酸溶液；1 mol/L 氢氧化钠溶液。

2. 树脂的预处理和转型　选择合适的层析柱，根据层析柱规格估计床体积，计算干树脂的用量。取所需量树脂后加蒸馏水充分溶胀，溶胀后倾倒去除溶胀时流出的杂质及碎小树脂。加入 1 mol/L HCl 浸泡 4 小时，用蒸馏水洗涤至中性。加 1 mol/L NaOH 至上述树脂中浸泡 4 小时，倾弃碱液，用蒸馏水洗涤至中性。

3. 装柱和平衡　按照溶液的流动方向将恒流泵和层析柱进行安装，并校正恒流泵的流速，控制流速在 30 滴/分钟之内。

湿法装柱：关闭层析柱底部出口，柱内加入一定量蒸馏水，自顶部注入经处理的上述树脂悬浮液，关闭层柱出口，待树脂沉降后，放出过量的溶液，再加入一些树脂，至树脂沉积至所需高度即可。记录床体积，维持树脂上层一定高度液体为 2～3 cm。

柱子平衡：用 4 倍床体积的 2 mol/L HCl 洗涤，保持流速 10～12 滴/分钟(1 滴/秒)，至流出液 pH 为 0.5。然后，用水(约 10 倍床体积)冲洗，至流出液 pH 为 1.5～2.0 关闭柱子出口，保持液面高出树脂表面 1 cm 左右。

4. 上样

样品处理：为了取得好的回收效果，将发酵液 pH 调整为 1.5～1.7。

上样：由于湿树脂的谷氨酸实际交换量为 60 g/1 000 ml，可根据实际床体积计算上柱体

积。打开出口使液体流出，待液面几乎平齐树脂表面时关闭出口(不可使树脂表面干燥，操作不熟练的同学为了防止上层树脂浮动可以维持 0.5～1 cm 高度的液位进行加样操作)。用长滴管将样品仔细直接加到树脂顶部，打开出口使其缓慢流入柱内，以 30 滴/分钟的流速。用茚三酮显色法测定流出液中的氨基酸，若流出液中无氨基酸则继续上样，若流出液中含有氨基酸则可视为加样结束。

5. 自动液相色谱分离层析仪的安装和调试　按照《自动液相色谱分离层析仪操作规程》，以蠕动泵→层析柱→检测器→收集器的顺序连接设备。将蠕动泵的软管入口连接到待洗涤溶液，将蠕动泵的出口软管连接到层析柱的上端，层析柱的下端连接检测器。检测器下端为进口，上端为出口。将检测器出口连接到自动收集器的入口。

根据谷氨酸的性质，将检测器背面进行选择波长的操作(在四个波长中选择合适的波长)。

将检测器的背面记录仪接口与工作站的接口连接，注意正极(红色)与正极相连，负极(黑色)与负极相连，并注意记录接入的通道数字 1 或者 2。检测器另一端连接电脑主机背面。检测器选择“2A”吸光度和灵敏度模式，进行调零(调到 0 或者 0.010～0.005)。

6. 洗柱　连接洗涤液，启动蠕动泵，用 2 倍床体积 pH 2.2 缓冲液洗涤。流出液用废液缸收集。

7. 洗脱　连接 4%～4.5%氢氧化钠洗脱液。设定收集器的收集模式(计滴或者计时)、首管和末管，换上与收集模式对应的收集头。确认模式后，调整收集头位置，保证溶液滴出口在收集试管的正中间。

打开电脑桌面的工作站软件，选择通道(与前面记录通道数字一致)，录入工作内容信息、方法等内容后，按检测器“START”开始进行洗脱和收集工作，在软件上选择数据收集开始收集数据。根据检测器的检测值，记录有数字显示的试管数或时间。

8. 样品检测和收集　根据曲线记录，取部分管中溶液 0.2 ml，加入 0.2 ml 茚三酮显色剂。结合检测结果和洗脱曲线，并合并含有氨基酸的各管，得到洗脱液。合并洗脱液即为提取液，取样 1 ml 用前述茚三酮法测定谷氨酸含量。其他提取液正确计量后于 0～4 ℃贮存。填写记录，附入批生产记录。

9. 树脂处理和保存　按《离子交换树脂操作规程》进行树脂的再生处理，并选择合适的方法保存树脂。

10. 自动液相色谱分离层析仪的维护　按照《自动液相色谱分离层析仪操作规程》冲洗仪器各通道，尤其注意清洗检测器的吸收池。将收集器的试管进行清洗、干燥。

(三) 生产结束

1. 按《提取间清场操作规程》对仪器、房间进行清洁消毒。

2. 填写批生产记录，并签字。

3. 填写清场记录，经 QA 检查员检查合格，并签发“清场合格证”。

(四) 标准操作规程

1. 离子交换提取岗位标准操作规程。

2. 提取间清场操作规程。

3. 分光光度计操作规程。

4. 离子交换树脂保存操作规程。

5. 自动液相色谱分离层析仪操作规程。

六、归纳总结

（一）生产工艺管理要点

1. 菌种操作室洁净度按万级洁净度要求，操作区洁净度达百级。

2. 在装柱时必须防止气泡、分层及柱子液面在树脂表面以下等现象发生。整个过程中一直保持流速在10～12滴/分，并注意勿使树脂表面干燥。

（二）质量控制关键点

1. 上样终点、洗脱终点的判断。

2. 上样pH、洗脱pH要按照规定控制，否则会影响吸附和洗脱过程的效率。

七、拓展提高

离子交换树脂的再生方法。

任务 2　等电点法回收谷氨酸

一、任务介绍

在模拟仿真生产环境下完成等电点法提取回收谷氨酸的操作。要求：

1. 熟练利用等电点法回收谷氨酸。

2. 比较等电点法和离子交换法提取谷氨酸，分析谷氨酸制备工艺的特点。

二、任务分析

等电点法是谷氨酸提取方法中操作最简单的一种。在已经终止发酵的发酵液中，不经除菌，直接加入盐酸，将 pH 逐步调节到谷氨酸的等电点(pH3.22)，利用两性氨基酸在等电点时溶解度最小的原理，使谷氨酸过饱和而沉淀下来。谷氨酸以结晶的形式析出，L-谷氨酸属斜方晶系离子晶体，具有多晶形性质。不同条件下，可以得到 α-型谷氨酸结晶或 β-型谷氨酸结晶。前者纯度高、颗粒大、质量、易沉淀和与母液分离，后者晶粒微细、纯度低、质量轻、难沉降、回收困难，所以等电点法提取或者精制的关键是得到 α-型谷氨酸晶体。

三、相关知识

结晶法的原理；结晶过程的控制要点和结晶过程。

四、任务需要的材料

1. 原料　谷氨酸料液。

2. 仪器设备　恒温水浴锅；酸度仪；搅拌装置；干燥箱；抽滤装置；离心机；过滤装置。

3. 试剂　盐酸；标准缓冲液(pH4.00、6.86)；纯化水。

五、任务实施

(一) 操作前准备

1. 提取操作人员按《洁净区人员更衣规程》进行更衣。

2. 检查操作间、配料间是否有清场合格标志，并在有效期内。否则按清场标准操作规程进行清场并经 QA 人员检查合格后，填写清场合格证，才能进行下一步操作。将“清场合格证”附入批生产记录。

3. 检查设备是否有“合格”、“已清洁”标牌，并对设备进行检查，确认设备正常，挂运行状态标志，方可使用；检查主要仪器、仪表是否经过校验，并在有效期内。否则应更换合格仪器、仪表。

4. 根据“批生产指令”填写领料单，到物料部门领取物料。

5. 挂运行状态标志，进入操作。

(二) 生产操作

1. 酸度仪校正　按照《酸度仪标准操作规程》进行酸度计的校正。

2. 分步沉析结晶　将上述料液温度控制在 25 ℃以下，用盐酸调节 pH 到 4～5，搅拌 0.5 小时。再用盐酸调节 pH 到 3.5～3.8，搅拌 0.5 小时。最后用盐酸调节 pH 到 3.2，搅拌 0.5 小时，并降温。

3. 离心　将液体转入离心管，按照《冷冻离心机标准操作规程》在 0～4 ℃、6 000 转/分离心 15 分钟，收集沉淀。

4. 干燥　将沉淀转入已灭菌容器，60 ℃以下干燥，称重并室温密闭保存。填写记录，附入批生产记录。

(三) 生产结束

1. 按《提取间清场操作规程》对仪器、房间进行清洁消毒。

2. 填写批生产记录，并签字。

3. 填写清场记录，经 QA 检查员检查合格，并签发“清场合格证”。

(四) 标准操作规程

1. 等电点回收岗位标准操作规程。

2. 冷冻离心机标准操作规程。

3. 酸度计标准操作规程。

六、归纳总结

(一) 生产工艺管理要点

结晶过程要进行观察。若发现晶核，说明晶核已不少，这时应搅拌育晶。若搅拌 1 小时后仍没有可见晶核，可加入少量谷氨酸晶体粉末，诱导晶体形成。

(二) 质量控制关键点

1. 洁净过程中，可以采用缓慢冷却，适当搅拌，使物料的温度和 pH 均匀。

2. 加酸过程中要缓慢，并观察加入后是否有沉淀形成或晶体析出。

七、拓展提高

等电点回收的工艺基础在于它的低溶解性，由于低温能显著降低谷氨酸在等电点的溶解度，现代工业普遍采用冷冻等电点法。所采用的工艺步骤与上述基本相同，只是将物料的温度降到 0～4 ℃，在低温下完成回收过程可以提高收率。

（王雅洁）

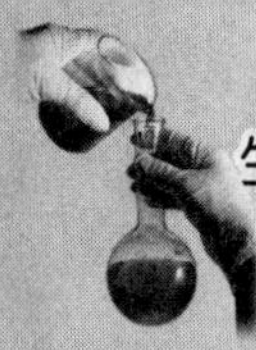

项目四　谷氨酸发酵产物检测

任务1　谷氨酸含量测定

一、任务介绍

在模拟仿真生产环境下完成发酵产物检测工作。要求:学会谷氨酸的定量测定方法。

二、任务分析

谷氨酸和茚三酮在弱酸条件下共热反应可以生成蓝紫色物质,其颜色的深浅主要与谷氨酸的浓度有关,产生的颜色深浅与游离α-氨基氮含量成正比,在波长570 nm下有最大吸收值,可用比色法测定。

三、相关知识点

谷氨酸的定量测定:通过测定发酵液中的游离氨基酸的氨基氮来得到,或用SBA-40测定仪。氨基酸定量测定用茚三酮比色法。

四、任务材料

1. 仪器　可见光分光光度计,具塞试管,直径16 mm,长150 mm,沸腾水浴,20 ℃水浴。

2. 试剂

缓冲溶液的制备:配制pH6.0 NaAc-HAc缓冲溶液。取醋酸钠54.6 g,加1 mol/L醋酸溶液20 ml溶解后,加水稀释至500 ml,即得。

谷氨酸标准液的配制:用天平准确称取1.000 0 g谷氨酸标准品,溶于1 L缓冲溶液中。

标准溶液:用天平准确称取1.000 0 g谷氨酸标准品→溶于缓冲溶液中定容至1 L→摇匀→吸1 ml于另外100 ml容量瓶,用缓冲溶液定容100 ml,即得1 000 ug/ml标液。在0 ℃贮藏。再采用逐级稀释法,配得浓度为80 μg/ml、90 μg/ml至140 μg/ml的谷氨酸标准液。

茚三酮试剂的制备:称取0.5 g茚三酮溶于100 ml水中得到5 g/ L的茚三酮水溶液。

五、任务实施

1. 制备标准曲线　对谷氨酸标准液进行稀释，制备 80～140 μg/ml 的谷氨酸稀释液。分别吸取 80～140 μg/ml 的谷氨酸标准液 4 ml 于 25 ml 的比色管中，各加入 1 ml 的茚三酮试剂（表 4－1），加上塞充分摇匀。将其置于 90 ℃下水浴 20～25 分钟，20 ℃水浴冷却至室温，用 752 型分光光度计在 570 nm 下测得其光密度值。以标准液的光密度值和浓度做一标准曲线。

表 4－1　谷氨酸标准曲线的制备

项目	空白	谷氨酸稀释品				
	0	1	2	3	4	5
谷氨酸稀释液(ml)						
茚三酮试剂(ml)						
谷氨酸浓度(μg/ml)						
OD570						
颜色变化						

2. 样品的测定　稀释待测液于 80～140 μg/ml 内（谷氨酸发酵液浓度一般在 8%～14%，测量时稀释 1 000 倍即可），调 pH 为 6.0（NaAc－HAc 缓冲溶液调 pH）（表 4－2）。以同样的反应量与反应条件进行反应，并在 570 nm 下测定其光密度值。

表 4－2　发酵液中谷氨酸含量的测定

项目	空白	待测样品		
	0	1	2	3
样品量(ml)				
茚三酮试剂(ml)				

3. 根据标准曲线，计算样品中氨基酸的含量　由以上所得标准曲线对应查得待测稀释液的浓度，再乘以稀释倍数，即为谷氨酸待测液的浓度。

六、任务总结

操作要点和注意事项。

七、任务拓展

任务 2　谷氨酸定性测定

一、任务介绍

在模拟仿真生产环境下完成发酵产物检测工作。要求:学会纸层析方法鉴定发酵产物是谷氨酸。

二、任务分析

纸层析法是用层析滤纸作支持剂,以纸上所吸附的水作固定相,用与水不相混溶或相混溶的溶剂作展开剂,是流动相。将欲分离的样品液点在纸条上晾干。当流动相沿纸条移动时,带动着试样中的各组分以不同的速率向前移动,在一定时间内,不同组分被带到纸上的不同部位,出现层析现象,以达到分离的目的。溶质在滤纸上的移动速度用 R_f 值表示:

R_f=原点到层析斑点中心的距离/原点到溶剂前沿的距离

三、相关知识点

谷氨酸的定性测定:用纸层析法。展开剂为正丁醇:冰醋酸:水=4:1:1;显色剂为0.1%～0.5%茚三酮的丙酮溶液。

四、任务材料

1. 扩展剂　将 4 体积正丁醇和 1 体积冰醋酸放入分液漏斗中,与 5 体积水混合,充分振荡,静置后分层,弃去下层水层。

2. 氨基酸溶液　0.5%的已知氨基酸溶液三种(赖氨酸、苯丙氨酸、缬氨酸),0.5%的待测氨基酸液一种。

3. 显色剂　0.1%水合茚三酮正丁醇溶液。

五、任务实施

1. 平衡　剪一大块塑料薄膜铺在桌面上,将层析缸或大烧杯倒置于塑料薄膜上,再把盛有约 20 ml 展层溶液的小烧杯置于倒置的层析缸或大烧杯中,用塑料薄膜密封起来,平衡 20 分钟。

2. 规划　带上手套,取宽约 14 cm、高约 22 cm 的层析滤纸一张。在纸的下端距边缘 2 cm 处轻轻用铅笔画一条平行于底边的直线 A,在直线上做 4 个记号,记号之间间隔 2 cm,这就是原点的位置。另在距左边缘 1 cm 处画一条平行于左边缘的直线 B,在 B 线上以 A、B 两线的交点为原点标明刻度(以厘米为单位)(图 4－1)。

3. 点样　用微量注射器分别取 10 ml 左右的氨基酸样品(每取一个样之前都要用蒸馏水

洗涤微量注射器，以免交叉污染)，点在这四个位置上。挤一滴点一次，同一位置上需点 2～3 次，每次2～3 μl，每点完一点，立刻用电吹风热风吹干后再点，以保证每点在纸上扩散的直径最大不超过 3 mm。每人需点 4 个样，其中 3 个是已知样，1 个是待测样品。

4. 层析 用针、线将滤纸缝成筒状，纸的两侧边缘不能接触且要保持平行(图 4－2)。向培养皿中加入扩展剂，使其液面高度达到 1 cm 左右，将点好样的滤纸筒直立于培养皿中(点样的一端在下，扩展剂的液面在 A 线下约 1 cm)，罩上大烧杯，仍用塑料薄膜密封。当扩展剂上升到 A 线时开始计时，每隔一定时间测定一下扩展剂上升的高度。当上升到15～18 cm，取出滤纸，剪断连线，立即用铅笔描出溶剂前沿线，迅速用电吹风热风吹干。

5. 显色 用喷雾器在通风厨中向滤纸上均匀喷上显色剂，待丙酮挥发后，置于 105 ℃烘箱加热 5～10 分钟，氨基酸显现紫色斑点(图 4－3)，分别测定发酵液与标准谷氨酸斑点 R_f 值。

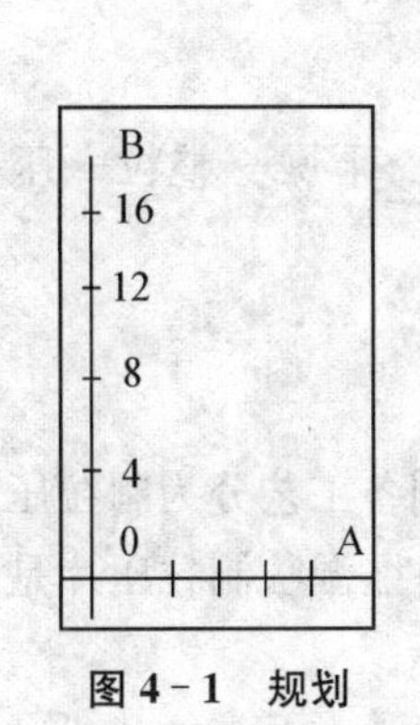

图 4－1 规划

图 4－2 层析

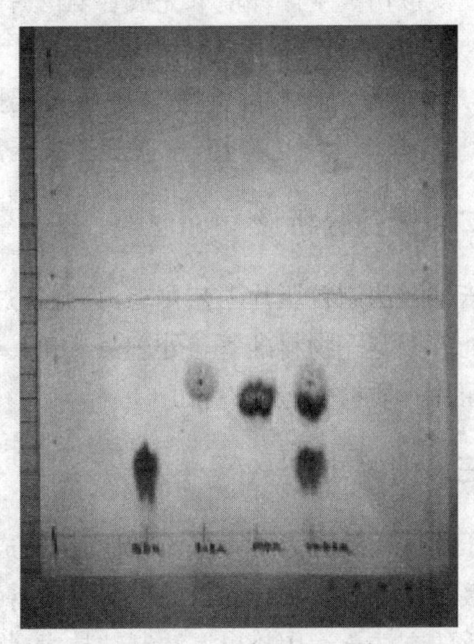

图 4－3 显色

六、归纳总结

操作要点和注意事项。

（陈的华）

项目五　谷氨酸片制备

一、任务介绍

在模拟仿真生产环境下完成谷氨酸片的制备。要求：

1. 掌握片剂制备工艺流程。

2. 掌握湿法制粒岗位操作,掌握配摇摆式颗粒机的标准操作规程。

3. 掌握压片岗位操作,掌握旋转式压片机的标准操作规程。

二、任务分析

依据湿法制粒压片工艺要求,其制备过程为:

处方拟定→物料准备与处理→粉碎→过筛→混合→制湿颗粒→干燥→整粒→压片前处理→压片→质检→包装。

三、相关知识

压片过程的三大要素是流动性、压缩成型性和润滑性。片剂的制备工艺分为制粒压片工艺与直接压片工艺。制粒的目的主要是改善物料的流动性和压缩成型性,湿法制粒压片是应用最为广泛的方法。运用挤出湿法制粒技术,将药物制成颗粒干燥后压片。

四、任务需要的材料

1. 原料　谷氨酸。

2. 仪器设备　槽型混合机、摇摆式颗粒机、热风循环烘箱、旋转式压片机、搪瓷盘、不锈钢筛网(40 目,80 目)、尼龙筛网(16 目,18 目,20 目)。

3. 辅料　淀粉、糊精、硬脂酸镁。

五、任务实施

(一) 操作前准备

1. 制粒压片岗位操作人员按《洁净区人员更衣规程》进行更衣。

2. 检查操作间、配料间是否有清场合格标志,并在有效期内。否则按清场标准操作规程进

行清场并经 QA 人员检查合格后，填写清场合格证，才能进行下一步操作。将“清场合格证”附入批生产记录。

3. 检查设备是否有“合格”、“已清洁”标牌，并对设备进行检查，确认设备正常，挂运行状态标志，方可使用；检查主要仪器、仪表是否经过校验，并在有效期内。否则应更换合格仪器、仪表。

4. 根据“批生产指令”填写领料单，到物料部门领取物料。

5. 挂运行状态标志，进入操作。

（二）生产操作

1. 制软材　按照《谷氨酸片制备工艺规程》称取粉碎过筛后原辅料，加入槽型混合机，按照《槽型混合机标准操作规程》制备软材。

2. 制湿颗粒　将制备好的软材加入摇摆式颗粒机，按照《摇摆式颗粒机标准操作规程》制湿颗粒。

3. 颗粒干燥　将制备好的湿颗粒平铺于不锈钢托盘上，放入热风循环烘箱，按照《热风循环烘箱标准操作规程》操作。

4. 整粒、总混　干颗粒通过 18～20 目过筛整粒，加入 1%～3%硬脂酸镁混匀。

5. 压片　按照《旋转式压片机标准操作规程》调试压片机，调节片重、压力，然后正式压片。

（三）生产结束

1. 按《压片间清场操作规程》对房间进行清洁消毒。

2. 按《设备清洁操作规程》对设备进行清洁。

3. 填写批生产记录，并签字。

4. 填写清场记录，经 QA 检查员检查合格，并签发“清场合格证”。

（四）标准操作规程

1. 谷氨酸片制备工艺规程。

2. 槽型混合机标准操作规程。

3. 摇摆式颗粒机标准操作规程。

4. 热风循环烘箱标准操作规程。

5. 旋转式压片机标准操作规程。

6. 压片间清场操作规程。

7. 设备清洁操作规程。

六、归纳总结

（一）生产工艺管理要点

制软材时以“握之成团，轻压即散”为度。干燥时间约 30 分钟，每隔 15 分钟将颗粒轻轻翻动，使颗粒均匀干燥。

（二）质量控制关键点

1. 干颗粒的含水量控制在1%～3%之间为宜。

2. 总混过程要将颗粒与润滑剂充分混合均匀。

七、拓展提高

片剂的制备方法与工艺路线：片剂的制备方法按制备工艺分类为两大类（或四小类）。

1. 制粒压片法　湿法制粒压片法、干法制粒压片法。

2. 直接压片法　直接粉末（结晶）压片法、干式颗粒压片法。

制备片剂时首先将药物和辅料进行粉碎和过筛等处理，以保证固体物料的混合均匀性和药物的溶出度。一般要求粉末细度在80～100目以上。在片剂的制备过程中，所施加的压力不同，所用的润滑剂、崩解剂等的种类不同，都会对片剂的质量（硬度或崩解时限等）产生影响。

湿法制粒时加入适量的黏合剂或润湿剂制备软材，软材的干湿程度对片剂的质量的影响较大。在实验中一般凭经验掌握，即以"握之成团，轻压即散"为度，将软材通过筛网得的颗粒一般要求较完整。如果颗粒中含细粉过多，说明黏合剂用量过少；若呈线条状，则说明黏合剂用量过多。这两种情况制成的颗粒烘干后，往往出现太松或太硬的现象，都不符合压片对颗粒的要求。制好的湿颗粒应尽快干燥，干燥的温度由物料的性质而定，一般为50～60℃，对湿热稳定者，干燥温度可适当提高。湿颗粒干燥后，需过筛整粒以便将粘连的颗粒散开，同时加入润滑剂和需外加法加入的崩解剂并与颗粒混匀。整粒用筛的孔径与制粒时所用筛孔相同或略小。

干法制粒压片法常用于湿热不稳定，而且直接压片有困难的药物。首先把药物和辅料各自粉碎、过筛，得到所需粒径的粉末后按处方比例混合，压成大块或薄片状，粉碎过筛成所需颗粒大小，加入适当辅料（崩解剂、润滑剂等）混合，压片。在整个工艺过程中不接触水以及热，有利于不稳定物料的压片。

（柳立新）

项目六　氨基酸口服制剂微生物限度检查

一、任务介绍

1. 掌握口服制剂细菌总数及真菌总数的测定方法。

2. 了解细菌总数及真菌总数检测的原理。

3. 熟悉检测药品的细菌总数与真菌总数的实际意义。

二、任务分析

我国现行药典规定对非规定灭菌制剂类药物的微生物限度检查主要包括细菌数、真菌数和酵母菌数、控制菌检查项目，其中对细菌总数、真菌数和酵母菌总数的测定是检验药品染菌量的重要指标，也是对药品进行卫生学总体评价的重要依据之一。

对细菌总数、真菌数和酵母菌总数的测定方法多采用平皿计数法，即以无菌操作的方法，用无菌吸管吸 1 ml(或 1 g)充分混匀的待测药品(供试品)，注入无菌平皿内，倾注已融化并冷却到 45 ℃左右的普通营养琼脂(细菌计数)、玫瑰红钠琼脂培养基(真菌及酵母菌)，混匀，待冷却凝固后置培养箱中培养规定时间，进行菌落计数。

三、任务需要的材料

1. 菌种　由国家药品检定机构购买。大肠埃希菌、金黄色葡萄球菌、枯草芽胞杆菌、白色念珠菌、黑曲霉菌。

2. 培养基　普通营养琼脂、玫瑰红钠琼脂培养基、改良马丁琼脂培养基。

3. 供试品　待测药品(氨基酸口服液)。

4. 其他　恒温培养箱、超净工作台、氯化钠-蛋白胨缓冲液玻珠瓶、9 ml 无菌氯化钠-蛋白胨缓冲液管、聚山梨酯 80、无菌平皿、移液器、试管、蒸馏水、酒精灯、乙醇棉球。

四、任务实施

(一) 操作前准备

1. 现行药典规定微生物限度检查应在环境洁净度为万级以下、局部洁净度在百级(或放置同等级净化工作台)的单向流空气区域内进行，检验全过程必须严格遵守无菌操作，防止再污染。单向流空气区域、工作台面级环境均应定期按《医药工业洁净室(区)悬浮粒子、浮游菌和沉降菌的测试方法》的现行国家标准进行洁净室验证。

2. 供试品在检验前,应保持包装的完好,不得开启,防止再污染。药品应置于阴凉干燥处,防止微生物繁殖影响检查结果。

3. 将供试品及所有已灭菌的平皿、锥形瓶、匀浆杯、试管、吸管(1 ml、10 ml)、量筒、稀释剂等移至洁净实验室内。每次试验所用物品必须事先做好计划,准备足够用量,避免操作中出入洁净实验室。编号后将全部外包装(牛皮纸)去掉。

4. 在每次操作前、后用0.1%苯扎溴铵溶液或其他适宜消毒液擦拭操作台及可能污染的死角,然后启动层流净化装置。开启洁净实验室空气过滤装置,并使其工作不少于30分钟。

5. 操作人员用肥皂或适宜消毒液洗手,进入缓冲间,换工作鞋。再用0.1%苯扎溴铵溶液或其他消毒液洗手或用乙醇棉球擦手,穿戴无菌衣、帽、口罩、手套。

6. 操作前先用乙醇棉球擦手,再用碘伏棉球(也可用乙醇棉球)擦拭供试品瓶、盒、袋等的开口处周围,待干后用灭菌的手术镊或剪将供试品启封。

(二) 任务操作

1. 供试液的制备

(1) 无菌操作取供试品10 g或10 ml,加于100 ml无菌氯化钠-蛋白胨缓冲液玻璃瓶中,充分混匀,制成1∶10均匀的供试液。

(2) 按照十倍梯度稀释法制备不同稀释度供试品:用无菌移液管取1∶10供试液1 ml,加入到9 ml无菌氯化钠-蛋白胨缓冲液管中,制成1∶100供试液,同法制成1∶1 000供试液。

2. 计数方法验证　由于某些供试品具有抗菌活性,在建立测定方法或原测定法的检验条件发生改变时,可能影响检验结果的准确性,必须对供试品的抑菌活性及测定方法的可靠性进行验证。对各试验菌的回收率应逐一进行验证。

(1) 验证用菌株:大肠埃希菌 *Escherichia coli*[CMCC(B) 44102],金黄色葡萄球菌 *Staphylococcus aureus*[CCMCC(B) 26003],枯草芽胞杆菌 *Bacillus subtilis*[CMCC(B) 63501],白色念珠菌 *Candida albicans*[CMCC(F) 98001],黑曲霉菌 *Aspergillus niger*[CMCC(F) 98003]。

菌液制备:接种大肠埃希菌、金黄色葡萄球菌、枯草芽胞杆菌的新鲜培养物至 营养琼脂培养基上,培养18～24小时;接种白色念珠菌的新鲜培养物至改良马丁培养基中或改良马丁琼脂培养基上,培养24～48小时。上述培养物用0.9%无菌氯化钠溶液制成每1 ml含菌数为50～100 cfu的菌悬液。接种黑曲霉的新鲜培养物至改良马丁琼脂斜面培养基上,培养5～7天,加入3～5 ml含0.05%(ml/ml)聚山梨酯80的0.9%无菌氯化钠溶液,将孢子洗脱。然后,用适宜方法吸出孢子悬液至无菌试管内,用含0.05%(ml/ml)聚山梨酯80的0.9%无菌氯化钠溶液制成每毫升含孢子数50～100 cfu的孢子悬液。

菌悬液制备后,若在室温下放置应在2小时内使用,若保存在2～8 ℃的菌悬液可以在24小时内使用。黑曲霉菌的孢子悬液保存在2～8 ℃,可在验证过的贮存期内替代对应量的新鲜孢子悬液使用。

(2) 验证方法：验证试验分 4 组，至少应进行 3 次独立的平行试验，并分别计算供试品组和对照组试验的菌回收率。

供试品组：取最低稀释级的供试液，按每毫升供试液加入 50～100 cfu 试验菌，按菌落计数方法测定其菌数。平皿法计数时，取试验菌液、供试液各 1 ml 分别注入平皿中，立即倾注琼脂培养基。

活菌组：取上述试验菌液，测定其加入的试验菌菌数。

供试品对照组：取最低稀释级的供试液 1 ml，按菌落计数方法测定供试品本底菌数。

稀释剂对照组：为考察供试液制备过程中对微生物影响的程度，可用相应的稀释液替代供试品，加入试验菌，使最终菌浓度为每毫升含 50～100 cfu。按供试品组的供试液制备方法和菌落计数方法测定其菌数。

$$\text{供试品组的菌回收率}(\%)=\frac{\text{供试品组平均菌落数}-\text{空白组平均菌落数}}{\text{活菌组平均菌落数}}\times 100\%$$

$$\text{对照组的菌回收率}(\%)=\frac{\text{对照组平均菌落数}}{\text{活菌组平均菌落数}}\times 100\%$$

(3) 结果判定：对照组的菌回收率均应不低于 70%。若供试品组的菌回收率均不低于 70%，则可按该供试液制备方法和菌落计数法测定供试品的细菌、霉菌及酵母菌数；若任一次试验中供试品组的菌回收率低于 70%，应建立新的方法，消除供试品的抑菌活性，并重新验证。

验证试验可与供试品的细菌、霉菌及酵母菌计数同时进行。

3. 检查法

(1) 细菌总数的测定

①分别吸取各稀释度的供试液 1 ml，置直径 90 mm 的无菌平皿中，注入 15～20 ml 温度不超过 45 ℃的融化的营养琼脂培养基，混匀。待琼脂凝固后，经 35 ℃倒置培养 3 天，逐日观察菌落生长情况，一般以 72 小时的菌落数报告。每稀释级每种培养基至少制备 2 个平板。

②阴性对照试验：以各浓度的稀释液代替供试品，置无菌平皿中，注入培养基，凝固，倒置培养，每种计数用的培养基各制备 2 个平板，均不得有菌生长。

(2) 霉菌及酵母菌总数的测定

①分别吸取各稀释度的供试液 1 ml，置直径 90 mm 的无菌平皿中，注入 15～20 ml 温度不超过 45 ℃的融化的玫瑰红钠琼脂培养基，混匀，待琼脂凝固后，经 23～28 ℃倒置培养 5 天，逐日观察菌落生长情况，一般以 120 小时的菌落数报告(应选有菌丝的真菌菌落和酵母菌菌落计数)。每稀释级每种培养基至少制备 2 个平板。

②阴性对照试验：以各浓度的稀释液代替供试品，置无菌平皿中，注入培养基，凝固，倒置培养，每种计数用的培养基各制备 2 个平板，均不得有菌生长。

（三）实训结果

1. 如实记录各稀释度平板的菌落数

(1) 一般将平板置菌落计数器上或从平板的背面直接以肉眼点计，以透射光衬以暗色背景，仔细观察。勿漏计细小的琼脂层内和平皿边缘生长的菌落。注意细菌菌落、霉菌菌落和酵母菌菌落之间，以及菌落与供试品颗粒、培养基沉淀物、气泡、油滴等的区别。必要时用放大镜或用低倍显微镜直接观察，或挑取可疑物涂片镜检。

(2) 若平板上有2个或2个以上菌落重叠，肉眼可辨别时仍以2个或2个以上菌落计数；若平板生长有链状或片状、云雾状菌落，菌落间无明显界线，一条链、片作为一个菌落计。但若链、片上出现性状与链、片状菌落不同的可辨菌落时，仍应分别计数。若生长蔓延的较大的片状菌落或花斑样菌落，其外缘有若干性状相似的单个菌落，一般不宜作为计数用。

(3) 菌落生长呈蔓延趋势者，细菌需在24小时，霉菌需在48小时做初步点计(点计霉菌菌落时，轻轻翻转平板，勿反复翻转，否则使早期形成的孢子散落在平板的其他部位，又萌生新的霉菌菌落，导致计数误差)。

(4) 培养3天点计细菌、培养5天点计霉菌时，如菌落极小，不易辨认，细菌计数可延长培养时间至5天；霉菌及酵母菌计数可延长培养时间至7天，再点计菌落数。

2. 计算每毫升或每克供试品中的细菌、真菌总数

菌数报告规则：细菌、酵母菌宜选取平均菌落数小于300 cfu、霉菌宜选取平均菌落数小于100 cfu的稀释级，作为菌落报告(取两位有效数字)的依据。

当仅有1个稀释级的菌落数符合上述规定，以该级的平均菌落数乘以稀释倍数报告菌数；当有2个或2个以上稀释剂的菌落数符合上述规定，以最高的平均菌落数乘以稀释倍数值的值报告。

如各稀释级的平板均无菌落生长，或仅最低稀释级的平板有菌落生长，但平均菌落数小于1时，以小于1乘以最低稀释倍数的值报告菌数。

3. 实训结论　《中国药典》(2010年版)规定，口服给药制剂的微生物限度标准：细菌数，每克不得过1 000 cfu，每毫升不得过100 cfu；霉菌和酵母菌数，每克或每毫升不得过100 cfu。

本品按《中国药典》2010年版微生物限度检查法标准检验，结果符合或不符合规定。

（四）注意事项

1. 供试品检验全过程必须符合无菌技术要求。使用灭菌用具时，不能接触可能污染的任何器物，灭菌吸管不得用口吹吸。本实验中阴性对照不得长菌，否则实验结果无效。

2. 供试液从制备至加入检验用培养基，不得超过1小时。否则，可能导致微生物繁殖或死亡而影响计数结果。

3. 供试液稀释及注皿时应取均匀的供试液，以免造成实验误差。

（五）标准操作规程

1.《中国药典》2010版。

2.《中国药品检验标准操作规程》2010版——微生物限度检查法。

五、任务归纳总结

1. 哪些制剂需做微生物限度检查？其检查项目包括哪些？判读供试品微生物限度检查合格的标准是什么？

2. 实验中设置阴性对照的目的是什么？若阴性对照出现阳性结果，分析其产生原因，该如何处理？

3. 质量控制关键点　稀释过程中务必混匀；严格无菌操作。

（蔡晶晶）

项目七　发酵法生产右旋糖酐

项目有关的背景知识

一、右旋糖酐的性质和价值

右旋糖酐是若干葡萄糖分子脱水的聚合物，又叫葡聚糖。在自然界中广泛存在于微生物中，是构成细胞壁的重要组成成分。其化学结构如图7-1。

图7-1　右旋糖酐结构式

其结构主要是(1→6)α-连接构成，同时还杂有(1→3)α-和(1→4)α-连接形成分子结构。右旋糖酐溶于水中能形成具有一定黏度的胶体液，在生理盐水中，6%的右旋糖酐液体与血浆的渗透压及黏度均相同。中国药典已经收入的右旋糖酐药用物质中有右旋糖酐20、右旋糖酐40、右旋糖酐70，三种都作为血浆代用品，药典所收入的制剂有以上所列前三种不同分子量的右旋糖酐的葡萄糖注射液和氯化钠注射液。

由于右旋糖酐的分子结构中含有多羟基，其化学性质活泼，可与许多药物形成复合物。因此，右旋糖酐可作为药物的载体，增强药物的化学稳定性和生物利用度。如右旋糖酐与胰岛素的复合物降血糖活力比胰岛素时间长，具有良好的药理活力。右旋糖酐与环氧氯丙烷形成的缩聚物，具有很强的亲水性，可用于局部干燥，清洁静脉淤滞引起的溃疡、压疮、外伤、手术感染等。右旋糖酐对大肠杆菌L-天冬酰胺酶有化学修饰作用，可降低抗体敏感性等等。

二、右旋糖酐的发酵工艺

目前，国内主要采用发酵法合成右旋糖酐。该法以高浓度蔗糖为主要成分的培养基，经肠膜状明串珠菌L. M 20326[*Leuconostoc mesenteriodes*，肠膜状明串珠菌(北京：中国医学科学院血液研究所，1985)]发酵进行工业化生产。流程如图7-2所示：

固体培养基 —(25.5 ℃，培养22小时)→ 接种到液体种子培养基 —(25.5 ℃，120 r/min，22小时，5%接种量)→ 接种到发酵培养基 —(25.5 ℃，120 r/min，定时取样)→ 产品

图7-2　右旋糖酐发酵工艺

右旋糖酐蔗糖酶(dextransucrase,EC2.4.1.5)是葡聚糖蔗糖酶(glucansucrase,又称葡萄糖基转移酶,glucosyhransferase)的一种,属于糖苷水解酶第70家族(Family 70),是葡聚糖蔗糖酶领域中研究较早较热门的一类酶。右旋糖酐蔗糖酶是分泌性酶,可催化D-吡喃葡萄糖基从蔗糖转移到葡聚糖,能以蔗糖为底物合成右旋糖酐(dextran),并生成果糖。果糖释放出来可以供生长细胞利用。肠膜明串珠菌NRRL B-512F野生型菌株产生右旋糖酐蔗糖酶时需要蔗糖来诱导。这些反应不需要3-腺苷磷酸(ATP)或者其他辅助因子,因为酶可以从葡萄糖和果糖之间糖苷键的形成中得到能量。按照受体机制,右旋糖酐蔗糖酶能从供体蔗糖中将α-D-葡萄糖基单元送到单糖、二糖或者多糖受体上,形成聚合物。

基础发酵培养的主要成分为蔗糖、蛋白胨、Na_2HPO_4。可以通过改变培养基的成分来研究其对合成右旋糖酐的影响,或者通过改变发酵条件、对发酵过程进行监控,研究发酵工艺及条件。

三、右旋糖酐的分离提取

由于发酵法生产过程控制较难,所得产物的分子量大,要经过水解之后用不同浓度的乙醇进行多次分级沉淀,才能得到临床用中、低、小分子量的右旋糖酐成品。利用右旋糖酐易溶于水、不溶于乙醇的性质,用醇沉法从发酵液中提取右旋糖酐。普遍采用的是将发酵或者其他方法生产的右旋糖酐大分子水解,这个方法在20世纪60年代初期,已经正式投入生产。由于水解产物的相对分子量大小的不同,在浓度不同的乙醇溶液中溶解度也不一样,分子量大的溶解度小。根据这个原理,划分出中、低、小等不同相对分子质量的右旋糖酐,流程如图7-3所示:

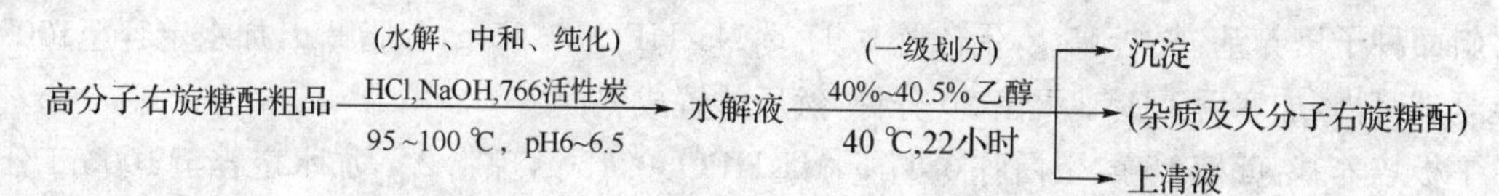

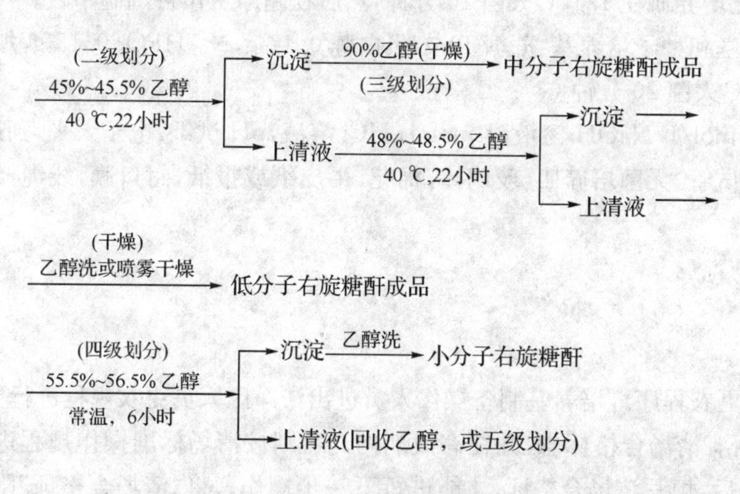

图7-3　右旋糖酐水解划分工艺

任务1 培养基的配制和灭菌

一、任务介绍(任务描述)

在模拟仿真生产环境下完成培养基的配制和灭菌工作。要求：

1. 能合理选用和制备菌种活化和右旋糖酐发酵所用的培养基。

2. 按照岗位操作规程，安全操作灭菌锅和超净工作台，完成培养基的配制和灭菌。

二、任务分析

培养基的成分影响菌体生长和产物合成，蔗糖在该培养基中的作用尤其重要，因为蔗糖既为菌体生长提供碳源，同时也是右旋糖酐合成的底物。

三、相关知识

培养基的营养成分及功能、类型和用途，培养基的选择和确定，培养基灭菌的方法。

四、任务需要的材料

1. 培养基配方

斜面种子培养基：蔗糖 15 g，蛋白胨 0.17 g，Na_2HPO_4 0.15 g，琼脂 2 g，加水定容至100 ml 分装至试管内，加塞后 121 ℃灭菌 20 分钟，然后放置成斜面。

平板培养基：蔗糖 15 g，蛋白胨 0.17 g，Na_2HPO_4 0.15 g，琼脂 2 g，加水定容至 100 ml 分装至试管内，加塞后与包扎培养皿在 121 ℃灭菌 20 分钟，然后在超净工作台倒制平板。

液体发酵基础培养基和种子培养基：蔗糖 10 g，蛋白胨 0.17 g，Na_2HPO_4 0.15 g，加水定容至 100 ml，加塞后 121 ℃灭菌 20 分钟。

2. 试剂和仪器 1 mol/L NaOH 溶液，1 mol/L HCl 溶液，pH 试纸，电子天平，药匙，称量纸，锥形瓶，烧杯，量筒，试管，无菌培养皿，玻璃棒，棉花，牛皮纸或报纸，封口膜，线绳，纱布，刻度移液管等。

五、任务实施

(一) 操作前准备

1. 按《进入生产区更衣程序》，培养基制备操作人员进出洁净区人员更衣规程进行更衣。

2. 检查操作间是否有清场合格标志，并在有效期内。否则按清场标准操作规程进行清场并经 QA 人员检查合格后，填写清场合格证，才能进行下一步操作。将“清场合格证”附入批生产记录。

3. 检查设备是否有“合格”、“已清洁”标牌，并对设备进行检查，确认设备正常方可使用。

4. 根据“批生产指令”填写领料单，到发酵部门领取发酵液。

5. 挂运行状态标志，进入操作。

（二）生产操作

1. 根据批生产任务和右旋糖酐生产工艺，计算并确定培养基用量，然后按照培养基配方配制所需的平板培养基、斜面培养基和液体种子培养基。

2. 培养基经分装包扎后，贴标签注明生产批次、配制人、配制日期和时间，并按照《高压灭菌锅标准操作规程》进行灭菌操作，121 ℃灭菌 20 分钟。

3. 按照《超净工作台标准操作规程》，在超净台将斜面培养基放置成斜面，倒制平板培养基，待冷却后和液体种子培养基一起计量、保存。填写记录，附入批生产记录。

（三）生产结束

1. 按《称量间清场操作规程》和《配制间清场操作规程》对仪器、房间进行清洁消毒；

2. 填写批生产记录，并签字；

3. 填写清场记录，经 QA 检查员检查合格，并签发“清场合格证”。

（四）标准操作规程

1. 培养基配制岗位标准操作规程。

2. 高压蒸汽灭菌锅标准操作规程。

3. 电子天平标准操作规程。

4. 超净工作台标准操作规程。

5. 称量间清场操作规程。

6. 配制间清场操作规程。

六、任务归纳总结

（一）生产工艺管理要点

按照规定核对培养基成分。

（二）质量控制关键点

培养基的无菌检查。

七、任务的拓展提高

完成该任务的同时，同学们可以通过设计研究方案，研究不同浓度的蔗糖（如 5%、10%、15%、20%）、其他碳源（葡萄糖、乳糖、果糖等）对合成产物产量和分子量的影响；还可以通过加入 Ca^{2+}、Mg^{2+}、Fe^{2+}、Mn^{2+} 等研究不同离子对合成糖酐产量和分子量的影响。同学们以组为单位设计任务书、实验方案后，经指导教师审核后确定最终方案。

任务 2　种子的制备

一、任务介绍

在模拟仿真生产环境下完成右旋糖酐发酵种子的制备。要求：

1. 知道发酵工业菌种的复壮工艺流程和质量控制要点。
2. 完成右旋糖酐菌种的制备，获得斜面种子和液体种子。
3. 按照超净工作台操作规程，进行相关操作。

二、任务分析

右旋糖酐的生产菌是肠膜状明串珠菌，采用甘油管法可保藏 1～2 年。菌种在保存过程中处于休眠状态，当保藏菌种重新利用时就需要进行菌种复苏，并通过种子扩大培养获得活力好的种子。

三、相关知识点

目前国际国内常用的菌种保存方法包括：定期移植法、液体石蜡法、沙土管法、真空冷冻干燥法、80℃ 冰箱冻结法、液氮超低温冻结法。针对不同的菌种保藏方法（菌种保存方法），菌种复苏方法有所不同。

种子的质量是影响产品的关键因素，所以得到活力高的种子对发酵过程非常重要。

四、任务需要的材料

1. 菌种　肠膜状明串珠菌。
2. 仪器和设备　摇床、培养箱、超净工作台。

五、任务实施

（一）操作前准备

1. 制种操作人员按《洁净区人员更衣规程》进行更衣。

2. 检查操作间是否有清场合格标志，并在有效期内。否则按清场标准操作规程进行清场并经 QA 人员检查合格后，填写清场合格证，才能进行下一步操作。将“清场合格证”附入批生产记录。

3. 清洁超净工作台外表面后打开超净工作台的紫外线和风机，灭菌 30 分钟，挂运行状态标志。

4. 检查生化培养箱和摇床是否有“合格”、“已清洁”标牌，并对设备进行检查，确认设备正

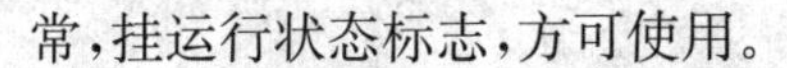

常，挂运行状态标志，方可使用。

5. 根据“批生产指令”填写领料单，到菌种部门领取菌种。

（二）生产操作

1. 菌种的活化　按照《超净工作台标准操作规程》将甘油管保藏的菌种拿至超净工作台，用75%乙醇进行表面消毒后打开，用接种环蘸取少量进行平板画线。平板于25.5 ℃培养22小时，观察生长情况和菌落形态并记录，附入批生产记录。

2. 斜面种子的制备　挑选平板上生长情况良好的菌种接到斜面种子培养基上，25.5 ℃培养22小时。观察生长情况和菌落形态并记录，附入批生产记录。

3. 液体种子的制备　将斜面种子接种到液体培养基中，120转/分、25.5 ℃培养22小时。观察生长情况和种子形态并记录，附入批生产记录。选择生长情况良好、活力好的种子移交到发酵车间准备进行右旋糖酐发酵。

（三）生产结束

1. 接种结束后，关闭设备所有开关，关闭总电源。

2. 填写《生产菌种制备与移交记录——固体菌种》、《生产菌种制备与移交记录——液体菌种》。

3. 按《菌种间清场操作规程》对设备、房间进行清洁消毒。

4. 填写清场记录，经QA检查员检查合格，在批生产记录上签字，并签发“清场合格证”。

（四）标准操作规程

1. 菌种岗位标准操作规程。

2. 超净工作台标准操作规程。

3. 菌种间清场操作规程。

六、归纳总结

（一）生产工艺管理要点

1. 菌种操作室洁保持GMP要求的洁净度级别。

2. 接种过程应确保严格的无菌操作。

3. 根据菌种的生长状况和形态进行选择，挑选活力好的种子。

（二）质量控制关键点

严格按照无菌操作，防止菌种被污染和环境的二次污染。

七、拓展提高

超净工作台的维护　应定期对超净台进行动态（即有人操作时）下浮游菌测试，即将培养皿打开后放置在操作台面上半小时，封盖后进行培养计数。若不符合要求应清洁或更换过滤器。

（王雅洁）

任务3　右旋糖酐的合成与粗提

一、任务介绍

在模拟仿真生产环境下通过发酵和粗提获得右旋糖酐粗品。要求：

1. 知道微生物发酵合成右旋糖酐的原理。
2. 能进行右旋糖酐的发酵，并能从发酵液中得到右旋糖酐粗品。
3. 能进行本产品生产所用的仪器仪表使用、保养以及处理常见的故障。
4. 学会利用测定果糖含量来分析右旋糖酐的发酵过程。

二、任务分析

通常进行提取之前要进行预处理和固液分离，但是右旋糖酐是个高分子化合物。发酵液随着发酵过程的进行会越来越黏稠，造成产物、培养基、菌体形成一个整体无法分开，所以直接利用醇沉法提取。果糖是发酵的副产物，发酵过程中利用DNS法测定果糖的生产量来观察产物合成是否有异常情况。取发酵液用分光光度计在波长546 nm处测得的吸光度为菌体浓度。

三、相关知识

1. 发酵过程的控制方法。
2. 果糖测定方法　参照谷氨酸发酵项目中测定还原糖的方法(DNS，即3,5-二硝基水杨酸法)，标准参照物更换为果糖。

四、任务需要的材料

1. 种子　液体肠膜状明串珠菌种子。
2. 试剂　发酵液体基础培养基，DNS试剂，果糖，乙醇，纯化水。
3. 仪器设备　分光光度计，发酵罐，干燥箱。

五、任务实施

(一) 操作前准备

1. 操作人员按《生产区人员更衣规程》进行更衣。
2. 检查发酵工作操作间是否有清场合格标志，并在有效期内。否则按清场标准操作规程进行清场并经QA人员检查合格后，填写清场合格证，才能进行下一步操作。将“清场合格证”附入批生产记录。
3. 检查设备是否有“合格”、“已清洁”标牌，并对设备进行检查，确认设备正常，方可使用。
4. 根据“批生产指令”填写领料单，到菌种部门领取菌种。
5. 挂运行状态标志，进入操作。

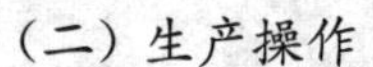

（二）生产操作

1. 按照《5L 发酵罐标准操作规程》依次进行以下操作：把进气过滤器、补料瓶及可能用到的各种插针在高压锅内灭菌；打开水、电、空压机；打开发酵罐总电源；校正 pH 电极之后插入发酵罐内；按照前述任务配方配制 3 000 ml 发酵培养基放入罐内，并加入消泡剂；灭菌。

2. 接种　按照 5%的接种量将液体种子接种到装有 3 000 ml 发酵培养基的 5 L 发酵罐中。

3. 发酵　120 转/分、25.5 ℃连续培养 22 小时。

4. 取样　发酵过程中，每隔 2 小时用取样插针，用罐压压出发酵液 5 ml。插针插入后，打开通气，关闭尾气。取出的样品测定菌体浓度和果糖含量，若发酵异常应及时报告组长并及时处理。

5. 放料　按照《5 L 发酵罐标准操作规程》进行放料。放料前，应确认发酵液贮罐经过清洗和消毒。放料时务必先要关闭温度和转速，确认面板显示“OFF”。

6. 右旋糖酐的粗提　发酵液中加入两倍体积 70%～95%的乙醇溶液，边加边搅拌，得白色右旋糖酐沉淀。将沉淀在少量 70%乙醇溶液中捏洗除去小分子糖和其他杂质，捏洗到洗液不再浑浊为止，然后将沉淀在 60℃下干燥。干燥后固体块状称重、记录性状及质量后放入清洁灭菌后的容器，室温保存。

（三）生产结束

1. 发酵结束后，关闭设备所有开关，关闭总电源。
2. 填写《发酵生产批报（发酵罐）》。
3. 按《发酵间清场操作规程》对设备、房间进行清洁消毒。
4. 填写清场记录，经 QA 检查员检查合格，在批生产记录上签字，并签发“清场合格证”。

（四）标准操作规程

1. 发酵岗位标准操作规程。
2. 发酵罐标准操作规程。
3. 分光光度计标准操作规程。
4. 干燥箱标准操作规程。
5. 电子天平标准操作规程。
6. 发酵间清场操作规程。

六、归纳总结

（一）生产工艺管理要点

以发酵时间为横坐标，菌体浓度、果糖含量为纵坐标，绘制发酵曲线。

（二）质量控制关键点

能根据发酵曲线判断发酵终点。

七、拓展提高

按照任务 1 提出的发酵过程的工艺研究方案，在摇瓶规模按照发酵过程控制进行发酵条件的优化。进行多水平和多因素实验后，分析结果，总结最佳发酵条件。

（王雅洁）

项目八　右旋糖酐提取分离

任务　右旋糖酐的水解和分级沉淀

一、任务介绍

在模拟仿真生产环境下完成右旋糖酐的水解和分级沉淀。要求：

1. 熟练进行右旋糖酐的水解，学会进行水解终点的判断。
2. 知道分级沉淀获得药用右旋糖酐的原理，能将水解液进行分级沉淀。
3. 能够熟练利用乙醇计准确测定液体的乙醇浓度。

二、任务分析

由于发酵法生产过程控制较难，所得产物的分子量大，要经过水解之后用不同浓度的乙醇进行多次分级沉淀，才能得到临床用中、低、小分子量的右旋糖酐成品。水解时间过长或过短，均只能得到分子量过小或过大的右旋糖酐，影响产品产率和质量。

三、相关知识

右旋糖酐分子量与溶解度的关系。

四、任务需要的材料

1. 原料　右旋糖酐粗品。
2. 仪器设备　粉碎机，超级恒温水浴锅，乙醇计，抽滤装置，干燥机。
3. 试剂　盐酸，氢氧化钠，乙醇，纯化水。

五、任务实施

（一）操作前准备

1. 水解划分操作人员按《洁净区人员更衣规程》进行更衣。
2. 检查操作间、配料间是否有清场合格标志，并在有效期内。否则按清场标准操作规程进行清场并经 QA 人员检查合格后，填写清场合格证，才能进行下一步操作。将“清场合格证”附入批生产记录。

3. 检查设备是否有“合格”、“已清洁”标牌，并对设备进行检查，确认设备正常，挂运行状态标志，方可使用；检查主要仪器、仪表是否经过校验，并在有效期内。否则应更换合格仪器、仪表。

4. 根据“批生产指令”填写领料单，到物料部门领取物料。

5. 挂运行状态标志，进入操作。

（二）生产操作

1. 加热糊化　将干燥后的右旋糖酐产品进行粉碎，取一定量右旋糖酐，准确计算并加入蒸馏水至终浓度约为 11 %，然后于 94～95 ℃放置糊化，保温至液面无黏块浮起，糊化操作即告结束。

2. 水解　量取用蒸馏水稀释至 6mol/L 的浓盐酸边搅拌边加入到糊化后的液体中并保持水解液温度 96 ℃以上，保持水解液浓度为 11%左右。

3. 终止水解　取样按照《右旋糖酐粘度测定标准操作规程》测相对黏度，当水解液的相对黏度在 2.60～3.00 之间时（0.5～1 小时），加入 6 mol/L 的氢氧化钠溶液中和水解液，终止水解反应。加入氢氧化钠要缓慢，以防止局部过碱避免水解液发黄。然后测液体的 pH，若 pH 低于 6.0，则仍需要加入氢氧化钠，调节水解液的 pH。

4. 划分工序　按照表 8－1 中分级沉淀进行操作，可以得到右旋糖酐 70（重均分子量 64 000～76 000）、右旋糖酐 40（重均分子量 32 000～42 000）、右旋糖酐 20（重均分子量 16 000～24 000）。

表 8－1　乙醇浓度与沉淀物分子量关系

划分分级	划分后的乙醇浓度	静置时间	沉淀物
一级划分	40%	20～22 小时	大分子右旋糖酐及杂质
二级划分	42%	20～22 小时	右旋糖酐 70
三级划分	47%	8～12 小时	右旋糖酐 40
四级划分	58%	1 小时后	右旋糖酐 20

操作方法：在搅拌下，将高浓度乙醇溶液缓缓加入到冷却的水解液中，用乙醇计测其乙醇度，加到所需浓度时，不断搅拌使其均匀。然后四级划分，分别在 40 ℃、34 ℃、40 ℃、室温下静置不同时间，倾倒出上清液，沉淀物干燥。准备称重并转入清洁灭菌容器，室温保存。

（三）生产结束

1. 按《水解划分车间清场操作规程》对仪器、房间进行清洁消毒。

2. 填写批生产记录，并签字。

3. 填写清场记录，经 QA 检查员检查合格，并签发“清场合格证”。

（四）标准操作规程

1. 水解划分生产岗位标准操作规程。
2. 乙醇计标准操作规程。
3. 干燥箱标准操作规程。
4. 酸度计标准操作规程。
5. 黏度计标准操作规程。
6. 水解划分间清场操作规程。

六、归纳总结

（一）生产工艺管理要点

1. 车间保持 GMP 要求的洁净度级别。
2. 根据生产工艺，按照粗品的量计算各试剂用量。

（二）质量控制关键点

1. 水解终点的控制影响到药用右旋糖酐的收率。
2. 乙醇浓度的准确测定影响到产品质量、收率和分子量分布。

七、拓展提高

该工序大量使用乙醇，使用过程中要注意通风和防爆。

（王雅洁）

项目九　右旋糖酐产品检测

一、任务介绍

1. 掌握右旋糖酐的鉴别方法。
2. 掌握右旋糖酐的含量测定方法。

二、任务分析

右旋糖酐又称为葡聚糖，系蔗糖经肠膜状明串珠菌发酵后生成的一种高分子葡萄糖聚合物，为白色或类白色无定形粉末，无臭，无味，在热水中易溶，在乙醇中不溶。其水溶液为无色或微带乳光的澄明液体，常温稳定，加热变色或分解，用酸、碱缓和水解可得到部分解聚产物，长时间水解得到葡萄糖。

右旋糖酐经碱水解后生成葡萄糖，可使 Cu^{2+} 还原成 Cu_2O 沉淀，此反应可用作右旋糖酐的鉴别。

右旋糖酐比旋度为+190°至+200°。当偏振光通过长 1 dm、每毫升中含有旋光性物质1 g 的溶液，测定的旋光度称为该物质的比旋度，以 $[\alpha]_{\lambda}^{t}$ 表示。t 为测定时的温度，λ 为测定波长。通常测定温度为 20 ℃，使用钠光谱的 D 线(589.3 nm)，表示为 $[\alpha]_{D}^{20}$。比旋度为物质的物理常数，可用以区别或检查某些物质的光学活性和纯杂程度。旋光度在一定条件下与浓度呈线性关系，故还可以用来测定含量。

供试品的比旋度[α]按下列公式计算：

$$液体样品[\alpha]_{\lambda}^{t}=\frac{\alpha}{ld}$$

$$固体样品[\alpha]_{\lambda}^{t}=\frac{100\alpha}{lc}$$

式中：λ 为使用光源的波长，如使用钠光谱的 D 线可用 D 代替；

t 为测定温度；

l 为测定管的长度，dm；

α 为测得的旋光度；

d 为液体的相对密度；

c 为 100 ml 溶液中含有被测物质的重量，g(按干燥品或无水物计算)。

三、任务需要的材料

自动旋光仪、水浴锅、容量瓶、万分之一电子天平、右旋糖酐供试品、氢氧化钠试液、硫酸铜试液、蒸馏水、烧杯、玻棒、滴管等。

四、任务实施

(一) 操作前准备

1. 将供试品及所有烧杯、玻棒、滴管、量筒、试液、蒸馏水等移至操作台面。每次试验所用物品必须事先做好计划，准备足够用量。

2. 自动旋光仪性能测试　《中国药典》2010 年版附录规定准确度可用标准石英旋光管(+5°与−1°两支)进行校准，方法可参照 JJG536—1998，在规定温度下，重复测定 6 次，两支标准石英旋光管的平均测定结果均不得超出示值±0.01°。测定管旋转不同角度与方向测定，结果均不得超出示值±0.04°。

(二) 任务操作

1. 右旋糖酐的鉴别

(1) 性状：本品为白色粉末；无臭，无味。本品在热水中易溶，在乙醇中不溶。

(2) 依据《中国药典》2010 版二部附录，制备氢氧化钠试液与硫酸铜试液。

氢氧化钠试液：取氢氧化钠 4.3 g，加水使溶解成 100 ml，即得。

硫酸铜试液：取硫酸铜 12.5 g，加水使溶解成 100 ml，即得。

(3) 称取右旋糖酐供试品 0.2 g，加水 5 ml 溶解后，加氢氧化钠试液 2 ml 与硫酸铜试液数滴，即生成淡蓝色沉淀；加热后变为棕色沉淀。

备注：右旋糖酐供试品溶解非常缓慢，可采用将供试品研磨成细粒，加入热水，并置沸水浴中，搅拌半小时溶解。

2. 右旋糖酐的含量测定　右旋糖酐的含量测定为旋光光度法，此法是依据右旋糖酐水溶液的旋光度在一定范围内与浓度成正比来测定含量的。

(1) 制备供试液：取右旋糖酐供试品(约 1 g)，精密称定，加水溶解，于 100 ml 容量瓶中定容，备用。

(2) 测定旋光度：照旋光度测定法依法测定旋光度，供试液的测定温度应为 20±5 ℃，使用波长 589.3 nm 的钠 D 线。

溶液样品用空白溶剂校正仪器零点。

测定应使用规定的溶剂，使主药溶解完全。供试液如不澄清，应滤清后再用；加入测定管时，应先用供试液冲洗数次；如有气泡，应使其浮于测定管凸颈处；旋紧测试管螺帽，注意用力不要过大，以免产生应力，造成误差；两端的玻璃窗应用滤纸与镜头纸擦拭干净。

供试液与空白溶剂用同一测定管，每次测定应保持测定管方向、位置不变。旋光度读数应重复3次，取其平均值，并按下式计算右旋糖酐的含量。

$$C=0.5128\alpha$$

式中：C为每100 ml注射液中含右旋糖酐20的重量，g；α为测得的旋光度×稀释倍数。

(三) 实训结果

1. 记录右旋糖酐鉴别实验的现象。

2. 记录右旋糖酐含量测定的原始数据。

取样量ms=________g；制备供试液的理论浓度：________ g/100 ml ；

序号	1	2	3	AVE
旋光度 α(单位 °)				

3. 计算结果数据　右旋糖酐的标示量百分含量：

$$C\%=\frac{\alpha\times 0.5128}{\text{供试液理论浓度}}\times 100\%$$

4. 结果判定　测定含量时，取两份供试品测定读数结果。其极差应在0.02°以内，否则应重做。

(四) 注意事项

1. 测定前应以空白溶剂各做空白校正实验，以确定零点有无发生变动。

2. 供试液应为澄清透明的液体，不得有小颗粒或浑浊，否则应过滤或离心除去。

3. 温度对物质的旋光度有一定影响，测定时应注意环境温度。必要时，应对供试液进行恒温处理后再进行测定(如使用带恒温循环水夹层的测定管)。

4. 旋光管装样时应注意光路中不应有气泡。如有气泡，应使其浮于测定管凸颈处。

5. 定管两端的玻璃片为透光片，不能磨损；使用后应立即用水洗净晾干，切勿用刷子刷，也不能用高温烘烤。

(五) 标准操作规程

1.《中国药典》2010版。

2.《中国药品检验标准操作规程》2010版——旋光度测定法。

五、任务归纳总结

质量控制关键点：

1. 右旋糖酐鉴别结果。

2. 旋光仪的正确操作及含量计算。

【附】 WZZ-2B型数显自动旋光仪操作规程

1. 检查测定管和样品室,测定管内外应清洗干净,样品室V型定位槽内,不得有油污。

2. 接通电源,打开仪器开关,盖上样品室暗箱盖,预热仪器20分钟。

3. 打开样品室门盖,把已注入蒸馏水或空白测定管放入样品室内V型定位槽中,关上样品室门盖。注意排除测定管中的气泡。

4. 按下“测量”键进行测量,数字显示窗将出现数字显示,稍等数字趋向稳定即可按下“清零”键进行清零,使仪器示数为零。

5. 取出测定管,除去空白溶剂,注入待测试液,并按取出试管时的相同位置与方向将测定管放入样品室的V型定位槽内,关上样品室门盖。

6. 按下“复测”键进行测量,待数字显示窗数字趋向稳定时,记下读数,再按下“复测”键进行复测,再复测一次,按下“AV”键取平均值作为测定结果,记录数字显示窗的数据。

7. 测定完毕,从样品室中取出测定管,倾出测定管中的待测试液,用蒸馏水洗净测定管。

8. 关上样品室门盖,关闭仪器电源,罩上防尘罩子。

（蔡晶晶）

项目十　右旋糖酐注射剂制备

一、任务介绍

在模拟仿真生产环境下完成右旋糖酐注射剂的制备工作。要求：

1. 掌握注射剂的制备各岗位操作法。
2. 掌握注射剂配制过滤标准操作规程。
3. 掌握安瓿超声波清洗机、远红外加热杀菌干燥机的标准操作规程。
4. 掌握拉丝灌封机的标准操作规程。

二、任务分析

注射剂制备的工艺过程包括制药用水制备、安瓿的处理清洗干燥灭菌、原料的配制过滤等，具体流程见图 10－1。

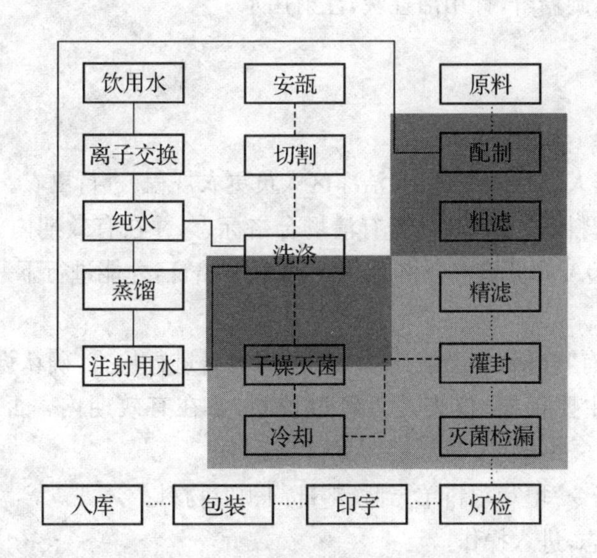

图 10－1　注射剂制备工艺流程图

三、相关知识

注射剂配制与过滤的工艺过程:领料→称量→浓配→过滤→稀配→过滤→检查中间体质量,调整至合格→终端过滤后,去灌封。

配液罐是注射剂生产中配制药物溶液的容器,分为浓配灌和稀配灌。配液罐应采用化学性质稳定、耐腐蚀的材料制成,避免污染药液。罐体内壁应光滑易于清洗。目前各药厂多采用不锈钢配液罐。配液罐在罐体上带有夹层,罐盖上装有搅拌器。夹层既可通入蒸汽加热,以加速原辅料的溶解;又可通入冷水,以吸收药物溶解热。搅拌器由电机经减速器带动,加速原辅料的扩散溶解,并促进传热,防止局部过热。

安瓿清洗的设备按工作的方式和原理可分为喷淋式安瓿洗瓶机组、气水喷射式安瓿洗瓶机组和超声波安瓿洗瓶机。安瓿洗净后还需通过干燥灭菌去除生物粒子的活性,达到杀灭细菌和热源的目的,同时也可使安瓿进行干燥。干燥灭菌设备的类型较多,烘箱是最原始的干燥设备,因其规模小、机械化程度低、劳动强度大,目前大多被隧道式灭菌烘箱所代替,常用的有远红外隧道式烘箱和电热隧道灭菌烘箱。

目前主要的安瓿灌封设备是拉丝灌封机,由于安瓿规格大小的差异,灌封机分为1～2 ml、5～10 ml和20 ml三种机型,但灌封机的机械结构形式基本相同。

四、任务所需仪器设备与材料

1. 仪器设备　电子称,配液系统,过滤系统,注射剂,洗、烘、灌、封联动生产线。

2. 材料　安瓿,右旋糖酐,针用活性炭,注射用水。

五、任务实施

(一) 操作前准备

1. 浓配、稀配操作人员分别按进出《洁净区人员更衣规程》进行更衣。

2. 检查操作间、配料间、灌封间是否有清场合格标志,并在有效期内。否则按清场标准操作规程进行清场并经QA人员检查合格后,填写清场合格证,才能进行下一步操作。将“清场合格证”附入批生产记录。

3. 检查设备是否有“合格”、“已清洁”标牌,并对设备进行检查,确认设备正常,挂运行状态标志,方可使用;检查主要仪器、仪表是否经过校验,并在有效期内。否则应更换合格仪器、仪表。

4. 根据“批生产指令”填写领料单,到物料部门领取物料。

5. 挂运行状态标志,进入操作。

(二) 生产操作

1. 药液配制过滤

(1) 核对:原辅料的品名、规格、含量、报告单、合格证。

(2) 计算：按生产指令计算当天所需原辅料的用量，并做好原始记录。

(3) 每万毫升投料量的计算。

原料计算：处方量×1.25×配制量＝原料实际用量

例：10 g×1.25＝12.5 g(每万毫升)

NaCl 量计算：处方量×1.04×配制量＝NaCl 实际用量

其他辅料计算：处方量×配制量＝辅料实际用量

(4) 称料：①按原料实际用量称取：总量－皮重＝净重；②按辅料实际用量称取净重；③把称取好的原辅料装上平板车，推至配料间。

(5) 浓配：①在浓配锅内注入处方量20%、温度在70℃以上的注射用水，搅拌；②加入按处方量称取的右旋糖酐，搅拌5分钟，使溶解均匀；③加入药用炭，70～80 ℃，保温搅拌20分钟以上；④搅拌使均匀。趁热脱炭过滤至稀配锅内。

(6) 稀配：①加入注射用水至近总量；②加注射用水至总量，充分搅匀，测定中间产品 pH、含量；③中间产品含量右旋糖酐控制在95.0%～105.0%。

(7) 滤器处理：①正确连接钛棒(粗滤：5 μm)，以新鲜注射用水进行处理。②正确安装滤器、滤材，前材质聚醚砜，孔径为0.45 μm；后材质聚醚砜，孔径为0.22 μm。使用前和使用后做完整性测试(参见《药液过滤系统的安装和完整性测试规程》)。③以新鲜注射用水冲洗后，测回水电导率≤2 μs/cm，抽干泵内剩水。④把处理好的滤器进口接入配料锅的出口，开泵回流10分钟，通知取样，测中间产品 pH。⑤过滤(专用)：钛棒脱炭→0.45 μm→0.22 μm 的滤芯。⑥配制结束后，清洗所用容器，清洁房间，清洗滤器、滤材。

2. 安瓿的清洗干燥灭菌

(1) 理瓶操作：在理瓶室将去掉外包装的安瓶(抗生素瓶)合格品摆满瓶盘。

(2) 洗瓶操作：①接通电源，启动设备空转运行，观察是否能正常运作；②按《安瓿超声波清洗机标准操作规程》、《远红外加热杀菌干燥机操作规程》进行洗瓶操作，同时往输送带送入待清洗的安瓿；③将灭菌完毕的安瓿收集，挂标示牌，送往灌封工序(如采用安瓿洗、灌、封联动生产线，安瓿通过传送带直接送到灌封工序)。

(3) 洗瓶结束后，关闭设备所有开关，关闭总电源。

3. 注射剂灌封

(1) 接选安瓿和接收药液：①接选安瓿，接瓶操作工从容器具清洁间容器具存放处取一个镊子、一副隔温手套、一个洁净塑料袋和一个不锈钢桶送到灌封室，将镊子放在隧道灭菌烘箱出口处，将塑料袋套在不锈钢桶上备用；②戴隔温手套；③将灭菌烘干后由传送链传送的周转盘一手握住挡板端中间，一手握住闭口端中间，搬起后交替放于旁边的操作架上；④用镊子从周转盘两端夹起2支瓶，翻转180°，使瓶口朝下，观察瓶内壁有无水珠或水流动的痕迹，将瓶放回原处，将镊子也放回原处；⑤将烘干效果不符合标准的安瓿，送交洗烘瓶岗位重新灭菌烘干，做好记录；⑥一手握住挡板端中间，一手握住闭口端中间，搬起一安瓿周转盘，靠近灯光，逐支检查周转盘内各瓶有无破损后，放于灌封机对面另一操作架上，在上面盖上盖子。如果有破损的安瓿，用

镊子夹出，放于套有塑料袋的不锈钢桶中；⑦ 收药液，灌封岗位操作工接收药液，核对数量，确认无误后，在中间产品递交单上签字，由稀配岗位操作工过滤。

(2) 送空安瓿：①灌封岗位操作工从容器具清洁间容器具存放处取 4 个 2 ml 注射器、一个毛刷、一个镊子、一块洁净擦布、2 个不锈钢盆、一个不锈钢桶和一块脱脂纱布送到灌封室；②将注射器、毛刷和镊子放在灌封机的台面上；将一个不锈钢盆接半盆注射用水，放在灌封机出瓶斗下面的操作架上，将一块洁净擦布放在盆中；将不锈钢桶口上盖一块脱脂纱布，绑好后和另一个不锈钢盆共同放在操作架上；③从操作架上拿起一盘安瓿，检查一遍有无破损后，挡板端斜向下，将周转盘送入进瓶斗中，撤下挡板，折起端向外，挂在进瓶斗上，有破损的安瓿用镊子夹出，放于废弃物桶中；④双手抓住周转盘上壁，轻轻上提周转盘，将周转盘从进瓶斗中撤下，挡上挡板，挡板端朝上，斜放于操作架上的不锈钢盆中备用。

(3) 点燃喷枪：打开捕尘装置下部止回阀和氢氧发生器的燃气阀，点燃喷枪，调节助燃气减压稳压阀，缓缓打开助燃气阀，将火头调节好。

(4) 排管道：将灌封机灌液管进料口端管口与高位槽底部放料口端管口连接好，打开高位槽放料阀，使药液流到灌液管中，排灌液管中药液并回收，尾料不超过 500 ml，装入尾料桶中。

(5) 调装量：打开灌封机电源开关，按下复位键和点动按钮，试灌装 10 支，关闭点动按钮，右手取一只灌装的安瓿，左手从台面上取一个备用注射器，抽取灌装药液后的安瓿量装量，调试好灌装量(每只 2.05～2.10 ml)，将注射器中药液倒入绑脱脂纱布的尾料桶中，将安瓿倒放在不锈钢盆上的周转盘中，及时送交洗烘瓶岗位操作工重新进行清洗。

(6) 熔封：①打开点动按钮，对灌装药液后的安瓿进行熔封，调整助燃气阀，使封口完好；②直至出现很少的问题(剂量不准确、封口不严、出现鼓泡、瘪头、焦头)时，开始灌封，执行“安瓿拉丝灌封机的标准操作规程”进行灌封操作；③随时向进瓶斗中加安瓿，随时检查灌封的装量和熔封效果，对装量和熔封不合格的安瓿取出，单独存放于周转盘中回收。将从进瓶斗中撤下的周转盘，挡板端放于周转盘中，放于周转窗旁边的地面上；④对炸瓶时溅出的药液，及时用不锈钢盆中的擦布擦干净，停机对炸瓶附近的安瓿进行检查。

(7) 接中间产品：①从放空周转盘的操作架上取一空周转盘和挡板，将挡板放于电气操作箱上，将周转盘开口端朝内，推到灌封机出瓶斗上；②用两块切板挡住灌封机出瓶轨道的安瓿，将安瓿送入周转盘内；③当周转盘内充满中间产品时，两切板被推到闭口端，取出一切板，根据周转盘的装量，从周转盘开口端附近的一面切向另一面，将盘中的中间产品和出瓶轨道的中间产品隔开；④将另一切板取出，接第一个切板切入的地方重新切入靠近周转盘一面的安瓿，挡住盘中的中间产品，将周转盘从出瓶斗中推出，将切板贴在另一切板上。排列好中间产品，挡上挡板，搬起周转盘，双手向外用力将周转盘倾斜一个角度，利用灯光反射作用查看有无碳化现象，有碳化的安瓿取出，单独放于周转盘中回收；将合格中间产品放入传递窗内，执行“传递窗标准操作规程”，由灭菌岗位操作工接收。

(三) 生产结束

1. 按《操作间清场操作规程》对房间进行清洁消毒。

2. 按《设备清洁操作规程》对设备进行清洁。

3. 填写批生产记录，并签字。

4. 填写清场记录，经 QA 检查员检查合格，并签发“清场合格证”。

（四）标准操作规程

1. 右旋糖酐注射剂制备工艺规程。

2. 配液系统标准操作规程。

3. 安瓿超声波清洗标准操作规程。

4. 远红外隧道烘箱标准操作规程。

5. 安瓿拉丝灌封机标准操作规程。

6. 操作间清场操作规程。

7. 设备清洁操作规程。

六、归纳总结

（一）生产工艺管理要点

1. 某一操作完成后应及时记录数据，并由操作人、复核人签字。

2. 处理酸、碱等腐蚀性物品时，应注意安全，必要时应戴橡胶手套等防护用具。

3. 含量过高或过低需补水或补料时，应在浓配罐内添加注射用水或原料。

4. 异常情况处理

(1) 所用设备不能正常运转影响正常生产或影响产品质量时，应填写《偏差及异常情况报告》交车间主任，通知 QA 检查员，请维修人员及时修理。

(2) 工艺用水无供给时应通知水处理岗位人员及时给水。

(3) 调剂的药液发生异常，应填写《偏差及异常情况报告》交车间主任或通知 QA 检查员，做及时处理。

5. 洗瓶操作室洁净度按十万级要求，灭菌后安瓿在一万级洁净度下保存。

6. 洗瓶机使用后应保持干燥、避免生锈。

7. 洗瓶过程中应经常检查洗涤质量。

8. 灌封室内温度、相对湿度应符合标准，温度 18～26 ℃，相对湿度 45%～65%。

9. 裸手操作时，手部 15～20 分钟用 75%乙醇溶液消毒 1 次。

10. 调整机器各部件后，必须将螺丝拧紧。

11. 机器运转中，手或工具不准伸入转动部位。

12. 传送齿板上避免遗漏安瓶，装量、药液澄明度每隔 20～30 分钟检查 1 次。

13. 随时查看针头喷药情况，更换针头、活塞等用器具，应检查药液澄明度、装量合格，继续生产。

14. 注意安瓶移动情况，如安瓶破碎，应停车清除碎玻璃和药液，查明碎瓶原因，排除故障可开车生产。

15. 灌封室门必须关紧。

(二) 质量控制关键点

1. 药液色泽、澄明度符合标准,无可见异物。

2. 装量符合标准,差异±3%。

3. 灌装起始时间到灌装结束时间不超过 4 小时。

(三) 异常情况处理

发生异常情况影响正常工作,应填写《偏差及异常情况报告》及时告知车间技术人员处理。

七、拓展提高

灌封过程中常见问题及解决方法:

1. 冲液　冲液是指在注液过程中,药液从安瓿内冲起溅在瓶颈上方或冲出瓶外。冲液的发生会造成药液浪费、容量不准、封口焦头和封口不密等问题。

解决冲液现象的主要措施有以下几种方法:注液针头出口多采用三角形的开口,中间并拢,这样的设计能使药液在注液时沿安瓿瓶身进液,而不直冲瓶底,减少了液体注入瓶底的反冲力;调节针头进入安瓿的位置,使其恰到好处;凸轮的设计使针头吸液和注药的行程加长,不给药时的行程缩短,保证针头出液先急后缓。

2. 束液　束液是指注液结束时,针头上不得有液滴沾留挂在针尖上。若束液不好,则液滴容易弄湿安瓿颈,既影响注射剂容量,又会出现焦头或封口时瓶颈破裂等问题。

解决束液不好现象的主要方法有:灌药凸轮的设计,使其在注液结束时返回快;单向玻璃间设计有毛细孔,使针筒在注液完成后对针筒内的药液有微小的倒吸作用。另外,一般生产时常在贮液瓶和针筒连接的导管上夹一只螺丝夹,靠乳胶管的弹性作用控制束液。

3. 封口火焰调节　封口火焰的温度直接影响封口质量。若火焰过大,拉丝钳还未下来,安瓿丝头已被火焰加热熔化并下垂,拉丝钳无法拉丝;若火焰过小,则拉丝钳下来时瓶颈玻璃还未完全熔融,不是拉不动,就是将整支安瓿拉起,均影响生产操作。此外,还可能产生"泡头"、"瘪头"、"尖头"等问题。解决方法如下:

(1) 泡头:煤气太大、火力太旺导致药液挥发,需调小煤气;预热火头太高,可适当降低火头位置;主火头摆动角度不当,一般摆动 1°～2°;压脚没压好,使瓶子上爬,应调整上下角度位置;钳子太低,造成钳去玻璃太多,玻璃瓶内药液挥发,压力增加而成泡头,需将钳子调高。

(2) 瘪头:瓶口有水迹或药迹,拉丝后因瓶口液体挥发,压力减少,外界压力大而瓶口倒吸形成平头,可调节灌装针头位置和大小,不使药液外冲;回火火焰不能太大,否则使已圆好口的瓶口重熔。

(3) 尖头:预热火焰太大,加热火焰过大,使拉丝时丝头过长,可把煤气量调小些;火焰喷枪离瓶口过远,加热温度太低,应调节中层火头,对准瓶口,离瓶 3～4 mm;压缩空气压力太大,造成火力急,温度低于软化点,可将空气量调小一点。

由上述可见,封口火焰的调节是封口好坏的首要条件,封口温度一般调节在 1 400 ℃,由煤

气和氧气压力控制，煤气压力大于 0.98 kPa，氧气压力为 0.02～0.05 MPa。火焰头部与安瓿瓶颈间最佳距离为 10 mm。生产中拉丝火头前部还有预热火焰，当预热火焰使安瓿瓶颈加热到微红，再移入拉丝火焰熔化拉丝。有些灌封机在封口火焰后还设有保温火焰，使封好的安瓿慢慢冷却，以防止安瓶因突然冷却而发生爆裂现象。

（柳立新）

项目十一　青霉素生产仿真实训

项目有关的背景知识

一、青霉素的发现和作用

（一）青霉素的发现

1928 年，英国细菌学家 Fleming 发现污染在培养葡萄球菌的双蝶上的一株霉菌能杀死周围的葡萄球菌。他将此霉菌分离纯化后得到的菌株经鉴定为点青霉，并将这菌所产生的抗生物质命名为青霉素。

青霉素是 6-氨基青霉烷酸(6-aminopenicillanic acid，6-APA)苯乙酰衍生物。侧链基团不同，形成不同的青霉素，主要是青霉素 G。工业上应用的有钠、钾、普鲁卡因、二苄基乙二胺盐。青霉素发酵液中含有 5 种以上天然青霉素(如青霉素 F、G、X、K、F 和 V 等)，它们的差别仅在于侧链 R 基团的结构不同，其中青霉素 G 在医疗中用得最多，它的钠或钾盐为治疗革兰阳性菌的首选药物，对革兰阴性菌也有强大的抑制作用。青霉素的结构通式可表示为：

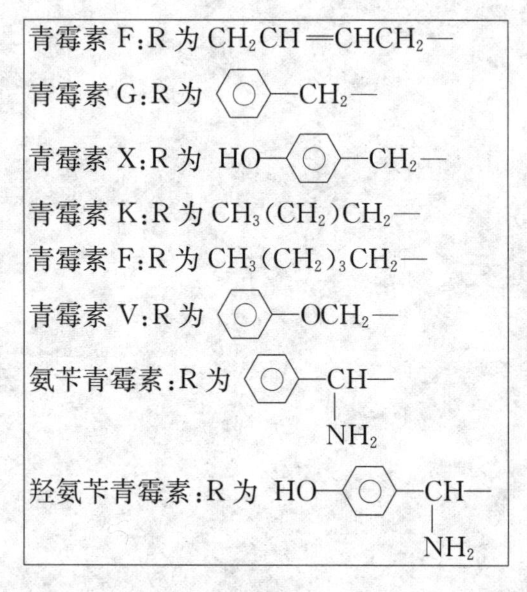

R—COHN　S　CH_3　CH_3　N　O　COOH

（二）青霉素的作用

已有的研究认为，青霉素的抗菌作用与抑制细胞壁的合成有关。细菌的细胞壁是一层坚韧的厚膜，用以抵抗外界的压力，维持细胞的形状。细胞壁的里面是细胞膜，膜内裹着细胞质。细菌的细胞壁主要由多糖组成，也含有蛋白质和脂质。革兰阳性菌细胞壁的组成是肽聚糖，占细胞壁干重的 50%～80%(革兰阴性菌为 1%～10%)，还有磷壁酸质、脂蛋白、多糖和蛋白质。其中肽聚糖是一种含有乙酰基葡萄糖胺和短肽单元的网状生物大分子，在它的生物合成中需要一种关键的酶即转肽酶。青霉素作用的部位就是这个转肽酶。现已证明青霉素内酰胺环上的高反应性肽键受到转肽酶活性部位上丝氨酸残基的羟基的亲核进攻形成了共价键，生成青霉噻唑酰基-酶复合物，从而不可逆地抑制了该酶的催化活性。通过抑制转肽酶，青霉素使细胞壁的合成受到抑制，细菌的抗渗透压能力降低，引起菌体变形，破裂而死亡。

青霉素活性单位表示方法有两种：一是指定单位(unit)；二是活性质量(μg)，最早为青霉素规定的指定单位是：50 ml 肉汤培养基中恰能抑制标准金黄色葡萄菌生长的青霉素量为一个青霉素单位。后来，证明了一个青霉素单位相当于 0.6 μg 青霉素钠，因此青霉素的质量单位为：0.6 μg青霉素钠等于 1 个青霉素单位。由此，1 mg 青霉素钠等于 1 670 个青霉素单位(unit)。

40 多年，青霉素临床应用主要控制敏感金黄色葡糖球菌、链球菌、肺炎双球菌、淋球菌、脑膜炎双球菌、螺旋体等引起感染，对大多数革兰阳性菌(如金黄色葡萄球菌)和某些革兰阴性细菌及螺旋体有抗菌作用。其优点是毒性小，但由于难以分离除去青霉噻唑酸蛋白(微量可能引起过敏反应)，需要皮试。

以青霉素发酵液中分离得到 6-氨基青霉素烷酸(6-APA)为基础，用化学和生物化学等方法将各种类型的侧链与 6-氨基青霉素烷酸缩合，制成具有耐酸、耐酶或广谱性质的半合成青霉素。

二、青霉素发酵工艺

(一) 菌种介绍

青霉是产生青霉素的重要菌种，广泛分布于空气、土壤和各种物上，常生长在腐烂的柑橘皮上，呈青绿色。目前已发现几百种，其中产黄青霉(*Penicillum chrysogenum*)、点青霉(*Penicillum nototum*)等都能大量产生青霉素。青霉素的发现和大规模的生产、应用，不仅对抗生素工业的发展起了巨大的推动作用，而且加上其他抗生素的广泛使用，比如磺胺药物，使人类的平均寿命再次延长了四岁。此外，有的青霉菌还用于生产灰黄霉素及磷酸二酯酶、纤维素酶等酶制剂和有机酸。1981 年报道，疠孢青霉是纤维素酶的新来源，它能分解棉花纤维。

(二) 孢子的制备

这是发酵工序的开端，是一个重要环节。抗生素产量和成品质量同菌种性能以及同孢子和种子的情况有密切关系。生产用的孢子需经过纯种和生产能力的检验，符合规定的才能用来制备种子。保藏在砂土管或冷冻干燥管中的菌种经无菌手续接入适合于孢子发芽或菌丝生长的斜面培养基中，经培养成熟后挑选菌落正常的孢子可再一次接入试管斜面。对于产孢子能力强的及孢子发芽、生长繁殖快的菌种，可以采用固体培养基孢子，孢子可直接作为中子罐的种子。

(三) 种子制备

种子制备是指孢子接入种子罐后，在罐中繁殖成大量菌丝的过程，其目的是使孢子发芽、繁殖和获得足够数量的菌丝，以便接种到发酵罐当中去。种子制备所使用的培养基及其他工艺条件，都要有利于孢子发芽和菌丝繁殖。

种子罐级数是在指制备种子需逐级扩大培养的次数，一般根据种子的生长特性、孢子发芽及菌体繁殖速度，以及发酵罐的容积而定。青霉素种子制备一般为二级种子罐扩大培养。

（四）发酵培养基介绍

培养基是供微生物生长繁殖和合成各种代谢产物所需要的按一定比例配制的多种营养物质的混合物。培养基的组成和比例是否恰当，直接影响微生物的生长、生产和工艺选择、产品质量和产量等。青霉素的发酵培养基由碳源、氮源、无机盐及金属离子、添加前体、消沫剂五部分组成。

碳源的主要作用：为微生物菌种的生长繁殖提供能源和合成菌体所必需的碳成分；为合成目的产物提供所需的碳成分。青霉素发酵中常用乳酸或葡萄糖，也可采用葡萄糖母液、糖蜜等。其中乳糖最为便宜，但因货源较少，很多国家采用葡萄糖代替。但当葡萄糖浓度超过一定限度时，会过分加速菌体的呼吸，以至培养基中的溶解氧不能满足需要，使一些中间代谢物不能完全氧化而积累在菌体或培养基中，导致 pH 下降，影响某些酶的活性，从而抑制微生物的生长和产物的合成。

氮源的作用：供应菌体合成氨基酸和三肽的原料，以进一步合成青霉素。主要有机氮源为玉米浆、棉籽饼粉、花生饼粉、酵母粉、蛋白胨等。玉米浆为较理想的氮源，含固体量少，有利于通气及氧的传递，因而利用率较高。固体有机氮源原料一般需粉碎至 200 目以下的细度。有机氮源还可以提供一部分有机磷，供菌体生长。无机氮如硝酸盐、尿素、硫酸铵等可适量使用。

碳酸钙用来中和发酵过程中产生的杂酸，并控制发酵液的 pH，为菌体提供营养的无机磷源一般采用磷酸二氢钾。另外加入硫代硫酸钠或硫酸钠以提供青霉素分子中所需的硫。由于现在还有一些工厂采用铁罐发酵，在发酵过程中铁离子便逐渐进入发酵液。发酵时间愈长，则铁离子愈多。铁离子在 50 μg/ml 以上便会影响青霉素的合成。采用铁络合剂以抑制铁离子的影响，但实际对青霉素产量并无改进。所以青霉素的发酵罐采用不锈钢制造为宜，其他重金属离子如铜、汞、锌等能催化青霉素的分解反应。

添加苯乙酸或者苯乙酰胺，可以借酰基转移的作用，将苯乙酸转入青霉素分子，提高青霉素 G 的生产强度，添加苯氧乙酸则产生青霉素 V，因此前体的加入成为青霉素发酵的关键问题之一。但苯乙酸对发酵有影响，一般以苯乙酰胺较好。也有人采用苯乙酸月桂醇酯，其优点是在发酵中月桂醇酯水解，苯乙酸结合进青霉素成品。而月桂酸作为细菌营养剂及发酵液消沫剂，且其毒性比苯乙酸小，但价格较贵。前体要在发酵开始 20 小时后加入，并在整个发酵过程中控制在 50 μg/ml 左右

由于在发酵过程中二氧化碳的不断产生，加上培养基中有很多有机氮源含有蛋白质，因此在发酵罐内会产生大量泡沫，如不严加控制，就会产生发酵液逃液，导致染菌的后果。采用植物油消沫仍旧是个好方法，一方面作为消沫剂，另一方面还可以起到碳源作用，但现在已普遍采用合成消沫剂（如聚酯、聚醇类消沫剂）代替豆油。

（五）灭菌

“灭菌”指的是用化学或物理的方法杀灭或除去物料及设备中所有的有生命物质的技术或

工艺流程。灭菌实质上可分杀菌和溶菌两种，前者指菌体虽死但形体尚存，后者则指菌体杀死后，其细胞发生溶化、消失的现象。工业上常用的方法有：干热灭菌、湿热灭菌、化学药剂灭菌、射线灭菌和介质过滤除菌等几种。

在青霉素的生产中，对培养基和发酵罐主要采用的是湿热蒸汽灭菌和空气过滤除菌的方法。

（六）发酵

这一过程的目的主要是为了使微生物分泌大量的抗生素。发酵开始前，有关设备和培养基必须先经过灭菌，后接入种子。接种量一般为5%～20%。发酵周期一般为4～5天，但也有少于24小时，或长达两周以上的。在整个过程中，需要不断通气和搅拌，维持一定的罐温和罐压，并隔一段时间取样进行生化分析和无菌试验，观察代谢变化、抗生素产生情况和有无杂菌污染。

（七）发酵的过程控制

1. 碳源控制　青霉菌能利用多种碳源，如乳糖、蔗糖、葡萄糖、阿拉伯糖、甘露糖、淀粉和天然油脂等。乳糖是青霉素生物合成的最好碳源，葡萄糖也是比较好的碳源，但必须控制其加入的浓度，因为葡萄糖易被菌体氧化并产生抑制抗生素合成酶形成的物质，从而影响青霉素的合成，所以可以采用连续添加葡萄糖的方法代替乳糖。

苯乙酸或其衍生物苯乙酰胺、苯乙胺、苯乙酰甘氨酸等均可作为青霉素G的侧链前体。菌体对前体的利用有两个途径：直接结合到产物分子中或作为养料和能源利用，即氧化为二氧化碳和水。前体究竟通过哪个途径被菌体利用，主要取决于培养条件以及所用菌种的特性。

通过比较苯乙酰胺、苯乙酸及苯氧基乙酸的毒性，除苯氧基乙酸外，苯乙酰胺和苯乙酸的毒性取决于培养基的pH和前体的浓度。碱性时，苯乙酰胺有毒；酸性时，苯乙酸毒性较大；中性时，苯乙酰胺的毒性大于苯乙酸。前体用量大于0.1%时，青霉素的生物合成均下降。所以一般发酵液中前体浓度以始终维持在0.1%为宜。

在碱性条件下，苯乙酸被菌体氧化的速率随培养基pH上升而增加。年幼的菌丝不氧化前体，而仅利用它来构成青霉素分子；随着菌龄的增大，氧化能力逐渐增加。培养基成分对前体的氧化程度有较大影响，合成培养基比复合培养基对前体的氧化量少。

为了尽量减少苯乙酸的氧化，生产上多用间歇或连续添加低浓度苯乙酸的方法，以保持前体的供应速率略大于生物合成的需要。

2. pH控制　在青霉素发酵过程中，pH是通过下列手段控制的：如pH过高，则添加糖、硫酸或无机氮源；若pH过低，则加入碳酸钙、氢氧化钠、氨或尿素，也可提高通气量。另外，也可利用自动加入酸或碱的方法，使发酵液pH维持在6.8～7.2，以提高青霉素产量。

3. 温度控制　青霉菌生长的适宜温度为30 ℃，而分泌青霉素的适宜温度是20 ℃左右，因此生产上采用变温控制的方法，使之适合不同阶段的需要。一般一级种子的培养温度控制在27±1 ℃左右；二级种子的培养温度控制在25±1 ℃左右；发酵前期和中期的温度控制在26℃左右；发酵后期的温度控制在24 ℃左右。

4. 补料控制　发酵过程中除以中间补糖控制糖浓度及pH外，补加氮源也可提高发酵单位。经试验证实:若在发酵60～70小时开始分次补加硫酸铵,则在90小时后菌丝含氮量几乎不下降,维持在6%～7%,且60%～70%的菌丝处于年幼阶段,菌丝呼吸强度维持在二氧化碳量近30 μl/(mg菌丝·h),抗生素产率为最高水平的30%～40%;而不加硫酸铵的对照罐,在发酵中期菌丝含氮量为7%,以后逐级下降。至发酵结束时为4%。发酵结束时呼吸强度降至二氧化碳量为16 μl/(mg菌丝·h),且抗生素产量下降至零,总产量仅为试验罐的1/2。因此,为了延长发酵周期、提高青霉素产量,发酵过程分次补加氮源也是有效的措施。

5. 铁离子的影响　三价铁离子对青霉素生物合成有显著影响,一般若发酵液中铁离子含量超过30～40 μg/ml,则发酵单位增长缓慢,因此铁罐在使用前必须进行处理,可在罐壁涂上环氧树脂等保护层,使铁离子含量控制在30 μg/ml以下。

(八) 发酵控制要求

1. 防止染菌的要点　染菌是抗生素发酵的大敌,不制服染菌就不能实现优质高产。影响染菌的因素很多,而且带随机性质,但只要认真对待,仔细地工作,染菌是可以防止的。

2. 空气系统的要求　防止空气带菌主要是提高空压机进口空气的洁净度,防止空气夹带油和水及空气过滤器失效。提高空压机进口空气的洁净度,可以从提高吸气口的位置及加强空气的压缩前过滤着手。防止空气夹带油、水,除加强去除油、水的措施外,还必须防止空气冷却器漏水,注意勿使冷却水压力大于空气压力,防止冷却水进入空气系统。

3. 蒸汽系统的要求　重视饱和蒸汽的质量,要严防蒸汽中夹带大量冷凝水,防止蒸汽压力大幅度波动,保证生产时所用的蒸汽压力在30～35 kPa以上。

(1) 连续灭菌设备:连消塔结构要求简单,易于拆装和清理,操作时蒸汽能与物料混合均匀,并易于控制温度。

(2) 发酵罐:发酵罐及其附属设备应注意严密和防止泄漏,避免形成"死角"。凡与物料、空气、下水道连接的阀门都必须保证严密度。

(3) 无菌室:用超净工作台及净化室代替无菌室,以提高无菌程度。

三、提炼工艺过程

(一) 发酵液预处理

发酵液中的杂质如高价无机离子(Fe^{2+}、Ca^{2+}、Mg^{2+})和蛋白质在离子交换的过程中对提炼影响甚大,不利于树脂对抗生素的吸收。如用溶媒萃取法提炼时,蛋白质的存在会产生乳化,使溶媒合水相分离困难。对高价离子的去除,可采用草酸或磷酸。如加草酸,则它与钙离子生成的草酸钙还能促使蛋白质凝固,以提高发酵滤液的质量。如加磷酸(或磷酸盐),既能降低钙离子浓度,也利于去除镁离子。

$$Na_5P_3O_{10} + Mg^{2+} = MgNa_3P_3O_{10} + 2Na^+$$

加黄血盐及硫酸锌,则前者有利于去除铁离子,后者有利于凝固蛋白质。此外,两者还有协同作用。它们所产生的复盐对蛋白质有吸附作用。

$$2K_4Fe(CN)_6 + 3ZnSO_4 \longrightarrow K_2Zn[Fe(CN)_6]_2 \downarrow + 2Na^+$$

为了有效地去除发酵液中的蛋白质，需加入絮凝剂。絮凝剂是一种能溶于水的高分子化合物，含有很多离子化基团，如—NH_2，—COOH，—OH，能将胶体粒子交联成网，形成较大的絮凝团。

（二）提取

化学提取和精制的目的是从发酵液中制取高纯度的、合乎药典的抗生素成品。由于发酵液中青霉素浓度很低，仅 0.1%～4.5%，而杂质浓度比青霉素的高几十倍甚至几千倍，并且某些杂质的性质与抗生素的非常相近，因此提取精制是一件十分重要的工作。

发酵液中常见的杂质有：菌丝、未用完的培养基、易污染杂菌、产生菌的代谢产物、预处理需要加入的杂质等。在提炼过程中要遵循下面四个原则：时间短、温度低、pH 适中和勤清洗消毒。常用的提取方法有溶媒萃取法、离子交换法和沉淀法等。

1. 溶媒萃取法　这是利用抗生素在不同的 pH 条件下以不同的化学状态（游离态、碱或盐）存在时，在水及水互不相溶的溶媒中溶解度不同的特性，使抗生素从一种液相（如发酵滤液）转移到另一种液相（如有机溶媒）中去，以达到浓缩和提纯的目的。利用此原理就可借助于调节 pH 的方法使抗生素从一个液相中被提取到另一液相中去。所选用的溶媒与水应是互不相溶或仅很小部分互溶，同时所选溶媒在一定的 pH 下对于抗生素应有较大的溶解度和选择性，方能用较少量的溶媒使提取完全，并在一定程度上分离掉杂质。

2. 离子交换法　利用离子交换树脂和抗生素之间的化学亲和力，有选择性地将抗生素吸附上去，然后以较少量的洗脱剂将它洗下来。

3. 沉淀法　是一种分离抗生素的简单而经济的方法，浓缩倍数高，因而也是很有效的方法。

青霉素的提取采用溶媒萃取法。青霉素游离酸易溶于有机溶剂，而青霉素盐易溶于水。利用这一性质，在酸性条件下青霉素转入有机溶媒中，调节 pH，再转入中性水相，反复几次萃取，即可提纯浓缩。选择对青霉素分配系数高的有机溶剂。工业上通常用醋酸丁酯和戊酯。萃取 2～3 次。从发酵液萃取到乙酸丁酯时，pH 选择 2.8～3.0，从乙酸丁酯反萃到水相时，pH 选择 6.8～7.2。为了避免 pH 波动，采用硫酸盐、碳酸盐缓冲液进行反萃。所得滤液多采用二次萃取，用 10%硫酸调 pH2.8～3.0，加入醋酸丁酯。在一次丁酯萃取时，由于滤液含有大量蛋白，通常加入破乳剂防止乳化。第一次萃取，存在蛋白质，加 0.05%～0.1%乳化剂 PPB。

（三）精制

这是青霉素生产的最后工序。对产品进行精制、烘干和包装的阶段要符合“药品生产管理规范”的规定。

1. 脱色和去热原质　脱色和去热原质是精制注射用青霉素中不可缺少的一步。色素是在发酵过程中所产生的代谢产物，它与菌种和发酵条件有关。热原质是在生产过程中由于被污染后杂菌所产生的一种内毒素。生产中一般用活性炭脱色去热原质，但需注意脱色时 pH、温度、活性炭用量及脱色时间等因素，还应考虑它对抗生素的吸附问题，否则影响收率。

2. 结晶　抗生素精制常用结晶法来制得高纯度成品。常用的几种结晶方法有：

(1) 改变温度结晶:利用抗生素在溶剂中的溶解度随温度变化而显著变化的这一特性来进行结晶。

(2) 利用等电点结晶:当将某一抗生素溶液的 pH 调到等电点时,它在水溶液中溶解度最小,则沉淀析出。

(3) 加成盐剂结晶:在抗生素溶液中加成盐剂使抗生素以盐的形式从溶液中能够沉淀结晶。

青霉素钠盐在醋酸丁酯中溶解度很小,利用此性质,在二次醋酸丁酯萃取液中加入醋酸钠乙醇溶液,并控制温度青霉素钠盐就结晶析出。反应如下:

$$\text{R—COHN-[penam, } CH_3, CH_3, COOH] + CH_3COONa \longrightarrow \text{R—COHN-[penam, } CH_3, CH_3, COONa] + CH_3COOH$$

醋酸丁酯中含水量过高会影响收率,但可提高晶体纯度。水分在 0.9%以下对收率影响较小。得到的晶体要求颗粒均匀,有一定的细度。颗粒太细会使过滤、洗涤困难。晶体经丁醇洗涤,真空干燥即可等到成品。

(四) 成品鉴定

成品鉴定是根据药典的要求逐项进行分析,包括效价鉴定、毒性试验、无菌检查、热源质试验、水分测定、水溶液酸碱度及混浊度测定、结晶颗粒的色泽及大小的测定等。对于药典上未有规定的新抗生素,则可参照相近抗生素,按经验规定一些指标。

1. 酸碱度检测　取本品,加水制成每毫升中含 30 mg 的溶液,测定。pH 应为 5.0 ~7.5。

2. 溶液的澄清度与颜色　取样品 0.3 g,加水 5 ml 使溶解,溶液应澄清无色;如显浑浊,与浊度标准液比较,均不得更浓;如显色,与黄色或黄绿色标准比色液比较,均不得更深。

3. 吸光度　取样品,加水制成每毫升中含 1.80 mg 的溶液,在 280nm 的波长处测定吸光度,不得大于 0.10;在 264 nm 的波长处有最大吸收,吸光度应为 0.80~0.88。

4. 细菌内毒素　取样品测定,每 100 个青霉素单位中含内毒素的量应小于 0.01EU。

5. 无菌　取样品,用青霉素酶法灭活后或用适宜溶剂溶解后,转移至不少于 500 ml 的 0.9%无菌氯化钠溶液中,用薄膜过滤法处理后测定。

6. 效价测定　取本品适量,精密称定,加水溶液并定量稀释制成每毫升中约含 0.5 mg 的溶液,摇匀,精密量取 10 μl,注入液相色谱仪,记录色谱图;另取青霉素对照品适量,同法测定。按外标以峰面积计算,其结果乘以 1.065 8,即为本品效价。每毫克相当于 1670 青霉素单位。

(五) 成品分装

抗生素产品一般分装为大包装的原料药,以供制剂厂进行小包装或制剂加工。也有一些抗生素工厂在无菌条件下用自动分装机进行小瓶分装。

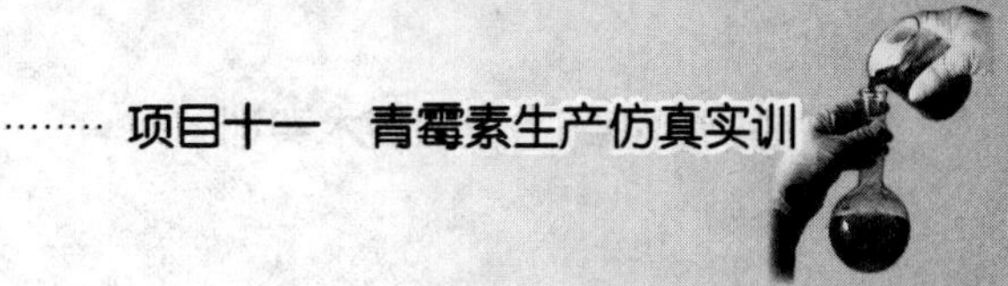

思考题

1. 在生产阶段如何适当改变温度，利于青霉素合成　（　　）

A. 升高温度　B. 降低温度　C. 温度不变

2. 青霉素发酵时，适宜 pH 是　（　　）

A. 4.4～4.6　B. 5.4～5.6　C. 6.4～6.6　D. 7.4～7.6

3. 青霉素发酵时，pH 下降时，补充　（　　）

A. NaOH　B. $NaHCO_3$　C. $NH_3 \cdot H_2O$　D. $Ca(OH)_2$

4. 青霉素发酵时，溶氧应高于　（　　）

A. 15%　B. 20%　C. 25%　D. 30%

5. 青霉素发酵时，溶氧低于多少时，会造成不可逆的损害　（　　）

A. 5%　B. 10%　C. 15%　D. 20%

6. 青霉素发酵时，用于消泡的天然物质是　（　　）

A. 花生油　B. 色拉油　C. 玉米油　D. 大豆油

7. 青霉素易溶于　（　　）

A. 水　B. 生理盐水　C. 有机溶剂　D. H_2SO_4

8. 青霉素发酵液预处理的设备　（　　）

A. 离心设备　B. 萃取设备　C. 过滤设备　D. 筛分设备

9. 青霉素发酵液预处理的添加剂是　（　　）

A. 助溶剂　B. 絮凝剂　C. 交联剂　D. 萃取剂

10. 青霉素萃取的常用萃取剂为　（　　）

A. 乙酸乙酯　B. 乙酸丙酯　C. 乙酸丁酯　D. 丙酸丙酯

11. 为了除去发酵青霉素中的蛋白质，需加入　（　　）

A. 助溶剂　B. 絮凝剂　C. 交联剂　D. 乳化剂

12. 青霉素的提取阶段通常需要几次萃取　（　　）

A. 1～2　B. 2～3　C. 3～4　D. 4～5

13. 青霉素正相萃取的 pH 是　（　　）

A. 1.8～2.0　B. 2.8～3.0　C. 3.8～4.0　D. 4.8～5.0

14. 青霉素反相萃取的 pH 是　（　　）

A. 5.8～6.2　B. 6.8～7.2　C. 7.8～8.2　D. 8.8～9.2

15. 萃取后分离时采用的设备是　（　　）

A. 离心设备　B. 萃取设备　C. 过滤设备　D. 筛分设备

16. 青霉素萃取的条件温度是多少摄氏度以下 （　　）

A. 0 ℃　　B. 5 ℃　　C. 10 ℃　　D. 15 ℃

17. 青霉素的萃取液脱色时选用 （　　）

A. 硅胶　　B. 活性碳　　C. 碱石灰

18. 青霉素结晶时，需加入 （　　）

A. 甲醇　　B. 乙醇　　C. 丙醇　　D. 丁醇

19. 青霉素结晶的方法是 （　　）

A. 共沸蒸馏结晶　　B. 蒸发结晶　　C. 减压结晶

20. 青霉素结晶时，需要入几倍的丁醇 （　　）

A. 1～2　　B. 2～3　　C. 3～4　　D. 4～5

21. 青霉素发酵选用下列哪种菌 （　　）

A. 变灰青霉　　B. 蓝青霉　　C. 产黄青霉　　D. 顶青霉

22. 下列哪个保藏方法，保藏菌种时间最长 （　　）

A. 斜面低温保藏法　　B. 沙土管保藏法　　C. 石蜡油保藏法　　D. 超低温保藏法

23. 青霉素是谁发现的 （　　）

A. 弗莱明　　B. 巴斯德　　C. 列文虎克　　D. 郭霍

24. 青霉是哪种类型的微生物 （　　）

A. 细菌　　B. 放线菌　　C. 霉菌　　D. 酵母菌

25. 在发酵过程中，微生物镜检分为几个阶段 （　　）

A. 4　　B. 5　　C. 6　　D. 7

26. 微生物生长曲线划分为几个阶段时期 （　　）

A. 4　　B. 3　　C. 2　　D. 1

27. 微生物代谢最旺盛的时期是 （　　）

A. 迟缓期　　B. 对数生长期　　C. 平稳期　　D. 衰退期

28. 种子罐培养时，一级种子罐又叫作 （　　）

A. 繁殖罐　　B. 生产罐　　C. 发芽罐　　D. 育种罐

29. 种子罐培养时，二级种子罐又叫作 （　　）

A. 繁殖罐　　B. 生产罐　　C. 发芽罐　　D. 育种罐

30. 种子罐培养时，三级种子罐又叫作 （　　）

A. 繁殖罐　　B. 生产罐　　C. 发芽罐　　D. 育种罐

31. 青霉素发酵培养的方式是 （　　）

A. 反复分批式发酵　　B. 反复连续式发酵

C. 补料分批式发酵　　D. 补料连续式发酵

32. 青霉素发酵选用的反应器是 （　　）

A. 气升式环流反应器

B. 高位塔式生物反应器

C. 机械搅拌自吸式反应器

33. 铁离子对青霉素合成有毒，在生产过程中，浓度要控制在多少以下　（　）

A. 0～10 μg/ml　B. 10～20 μg/ml　C. 20～30 μg/ml　D. 30～40 μg/ml

34. 青霉素发酵时，罐壁涂层选用什么材料保护　（　）

A. 环氧树脂　B. 正丁树脂　C. 聚氯乙烯　D. 一个搪瓷

35. 分泌青霉素的温度应控制在　（　）

A. 0～10 ℃　B. 10～20 ℃　C. 20～30 ℃　D. 30～40 ℃

标准答案：

1. B　2. C　3. C　4. D　5. B　6. C　7. C　8. C　9. B　10. C　11. D　12. B　13. B　14. B　15. A　16. C　17. B　18. D　19. A　20. C　21. C　22. D　23. A　24. C　25. D　26. A　27. C　28. C　29. A　30. B　31. A　32. C　33. D　34. A　35. C

任务 1　青霉素发酵工艺操作与控制

一、任务介绍

利用仿真软件完成青霉素的发酵过程。要求：

1. 掌握青霉素发酵的原理和方法，能熟练操作青霉素的发酵过程。
2. 学会发酵罐的操作，并能够熟练控制各种技术参数。

二、任务分析

发酵过程中条件不同，影响发酵得到的青霉素产量。通过发酵过程中溶氧、pH、泡沫等参数的控制，获得较高的发酵效价。

三、相关知识

青霉素发酵培养基；发酵过程的控制。

四、任务需要的材料

1. 软件　青霉素发酵仿真软件。
2. 实训室　生物制药虚拟实训室。

五、任务实施

(一) 正常发酵

1. 进料(基质)，开备料泵，开备料阀，备料后(罐重 100 000 kg)关备料阀，关备料泵。
2. 开搅拌器，设置搅拌转速为 200 转/分。
3. 开通风阀，开排气阀，投加菌种。
4. 补糖，开补糖阀；补氮，开加硫铵阀。
5. 开冷却水，维持温度在 25 ℃，pH 保持在一定范围内，前体不超过 1 kg/m^3。

(二) 出料

1. 停止进空气，停搅拌。
2. 关闭所有进料，开阀出料。

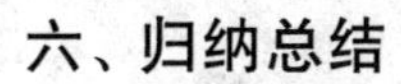

六、归纳总结

（一）发酵罐生产工艺主要控制指标

发酵罐生产工艺主要控制指标见表 11－1。

表 11－1　发酵工艺主要控制指标

编　号	指　标	推 荐 值
1	糖浓度	5 kg/m³
2	氨氮含量	0.25～0.3 kg/m³
3	pH	6.8～7.2
4	温度	25 ℃
5	搅拌转速	150～250 rpm
6	溶氧浓度	＞30％
7	前体浓度	＜1 kg/m³
8	发酵液中硫氨浓度	0.25 kg/m³
9	发酵罐压力	0.07 MPa

（二）主要设备

发酵罐生产的主要设备见表 11－2。

表 11－2　发酵罐生产的主要设备

编　号	名　称	备　注
1	发酵罐	发酵罐容量为 170 000 kg，主要部件有罐体、搅拌器、挡板、轴封、空气分布器、传动装置、冷却管、视镜等
2	进料泵	加入基质
3	空气系统	含消毒、冷却、过滤
4	计量泵一（加氨水）	操作时有开关、调节及入罐处泵门三处要操作
5	计量泵二（加前体）	操作时有开关、调节及入罐处泵门三处要操作
6	计量泵三（加消沫剂）	操作时有开关、调节及入罐处泵门三处要操作
7	加菌种按钮	点击后自动按比例增加一次菌种

七、拓展提高

发酵过程事故处理：

1. 发酵过程中 pH 低　调节 pH；开大氨水流量；密切监测 pH 指标。

2. 发酵过程中 pH 高　关闭进氨水；开大补糖阀；调节 pH。

3. 发酵过程中溶解氧低　开大进空气阀 V02；调节溶解氧大于 30%。

4. 残糖浓度低　开加糖阀补糖。

5. 发酵过程中温度高　开通冷却水进水冷却；密切关注温度指标。

6. 泡沫高　添加消泡剂；泡沫高度降低到 30 cm。

任务2 青霉素提炼工艺操作与控制

一、任务介绍

利用仿真软件完成青霉素的发酵过程。要求：

1. 掌握青霉素提炼的原理和方法，能熟练操作青霉素的提炼过程。

2. 学会预处理罐、混合罐、结晶罐、洗涤罐、干燥机的操作，并能够熟练控制各种技术参数。

二、任务分析

通过发酵法得到的青霉素发酵液中，除了目的产物之外，还含有很多的杂质，通过预处理、粗提、精提和成品制作步骤，得到青霉素产品。

三、相关知识

青霉素的性质；萃取、脱色、结晶、干燥的原理和操作。

四、任务需要的材料

1. 软件　青霉素发酵仿真软件。

2. 实训室　生物制药虚拟实训室。

五、任务实施

(一) 预处理操作

1. 打开阀 V14，加发酵液；待加料至 5 000 kg 时，关闭阀 V14。

2. 打开预处理罐搅拌器。

3. 打开阀 V13，加黄血盐，去除铁离子；观察铁离子浓度变化，待铁离子浓度为零时，关闭阀 V13。

4. 打开阀 V12，加磷酸盐，去除镁离子；观察镁离子浓度变化，镁离子浓度为零时，关闭阀 V12。

5. 打开阀 V11，加絮凝剂，去除蛋白质；观察蛋白质浓度变化，蛋白质浓度为零时，关闭阀 V11。

6. 打开阀 V16、V17 及泵 P5，同时打开转筒过滤器开关及后阀 V18。

7. 待发酵液经过滤排至混合罐 B101 后，关闭阀 V16、V17、泵 P5 以及转筒过滤器开关及后阀 V18；停止预处理罐搅拌器。

(二) 一次 BA 萃取操作

1. 打开混合罐 B101 搅拌器。

2. 打开阀 V19,加 BA(醋酸丁酯)质量为发酵液的 1/4～1/3 倍;关闭阀 V19。

3. 打开阀 V22,加稀硫酸调节 pH;待 pH 调节至 2～3 时,关闭阀 V22。

4. 打开阀 V21,加破乳剂;加破乳剂量为 100kg 时,关闭阀 V21。

5. 打开阀 V23、V24 及泵 P6,向分离机注液;待分离机中有液位时,迅速打开 A101 开关。

6. 打开萃余相回收阀 V26,调节 V26 阀门开度,控制重相液位在总液位的 80%左右,使轻相液能充分的溢流至 B102。

7. 待混合罐 B101 液体排空后,关闭阀 V23、V24 及泵 P6;停止混合罐 B101 搅拌器。

8. 待分离机 A101 中液体排尽后,关闭阀 V26;关闭分离机 A101 开关。

(三) 一次反萃取操作

1. 打开混合罐 B102 搅拌器。

2. 打开 V28,加碳酸氢钠溶液,质量为青霉素溶液的 3～4 倍,并调节 pH 为 7～8;待 pH 调节至 7～8 时,关闭阀 V28。

3. 打开阀 V29、V30 及泵 P7,向分离机 A102 注液;待分离机 A102 中有液位时,迅速打开 A102 开关。

4. 打开萃余相回收阀 V32,调节 V32 阀门开度,控制重相液位在总液位的 80%左右,轻相液能充分的溢流出。

5. 待混合罐 B102 液体排空后,关闭阀 V29、V30 及泵 P7;停止混合罐 B102 搅拌器。

6. 待分离机中剩余少许重液时,关闭阀 V32,防止轻液流入混合罐 B103 中。

7. 关闭分离机 A102 开关。

(四) 二次 BA 操作

1. 打开混合罐 B103 搅拌器。

2. 打开阀 V33,加 BA(醋酸丁酯)质量为发酵液的 1/4～1/3 倍;关闭阀 V33。

3. 打开阀 V35,加稀硫酸调节 pH;待 pH 调节至 2～3 时,关闭阀 V35。

4. 打开阀 V36、V37 及泵 P8;待分离机中有液位时,迅速打开 A103 开关。

5. 打开萃余相回收阀 V39,调节 V39 阀门开度,控制重相液位在总液位的 80%左右,使轻相液能充分的溢流至脱色罐中。

6. 待混合罐 B103 液体排空后,关闭阀 V36、V37 及泵 P8。

7. 停止混合罐 B103 搅拌器。

8. 待分离机 A103 中液体排尽后,关闭阀 V39;关闭分离机 A103 开关。

(五) 脱色罐操作

1. 打开活性炭进料阀;选择进料量,进料 25 kg;关闭进料阀。

2. 打开脱色罐搅拌器,并设定搅拌时间:10 分钟;搅拌 10 分钟后,打开阀 V41、V42 及泵 P9,将青霉素溶液经过过滤器排至结晶罐。

3. 待脱色罐液体排空后,关闭阀 V41、V42 及泵 P9;停止脱色罐搅拌器。

(六) 结晶罐抽滤、干燥操作

1. 启动结晶罐搅拌器;打开阀 V43,向结晶罐中加入醋酸钠－乙醇溶液;观察青霉素浓度,

待青霉素刚好反应完时，关闭阀 V43。

2. 打开冷却水阀 V44 及 VD10，控制结晶罐温度为 5 ℃以下，并输入保持时间，保持 10 分钟。

3. 打开阀 V45、V46 及泵 P10，将结晶液排至真空抽滤机进行抽滤；待真空抽滤机中上层液位达到 50%左右后，迅速打开真空阀 V47，进行抽滤；同时打开 V48，回收母液。

4. 待结晶罐中液体排空后，关闭阀 V45、V46 及泵 P10；停止结晶罐搅拌器。

5. 抽滤完成后，关闭真空阀 V47；待母液全部回收后，关闭阀 V48。

6. 点击“移出晶体”按钮，将抽滤后的晶体移入洗涤罐；打开阀 V49，加丁醇进行洗涤；待丁醇加入量为 500 kg 时，关闭阀 V49。

7. 启动洗涤罐搅拌器，并设定时间为 8 分钟。

8. 停止洗涤罐搅拌器。并设定时间，保持 10 分钟。

9. 打开阀 V50，排出废洗液；待废洗液排尽后，关闭阀 V50。

10. 点击“移出晶体”，将洗涤后的晶体移至真空干燥机。

11. 启动干燥机，进行干燥，并设定时间为 20 分钟。

12. 关闭干燥机开关，停止干燥。

六、归纳总结

(一) 提炼工艺主要控制指标

提炼工艺主要控制指标见表 11－3。

表 11－3　提炼工艺主要控制指标

编号	指　标	推荐值
一次 BA 萃取		
1	醋酸丁酯(BA)用量	青霉素溶液的 1/3
2	pH	2.8～3.0
3	破乳剂用量	100 kg
4	重相液位	80%
一次反萃取		
1	碳酸氢钠用量	青霉素溶液的 2.5
2	pH	6.8～7.2
3	重相液位	80%
二次 BA 萃取		
1	醋酸丁酯(BA)用量	青霉素溶液的 1/3
2	pH	2.8～3.0
3	重相液位	80%

续表 11－3

编号	指　标	推荐值
脱色罐		
1	活性炭用量	25 kg
结晶罐		
1	结晶温度	5 ℃
2	丁醇用量	500 kg
3	青霉素钠盐晶体效价	1 670 u/ml

（二）主要设备

提炼工艺主要设备见表 11－4。

表 11－4　提炼工艺主要设备

编号	名　称	备　注
1	进料泵	加入基质
2	空气系统	含消毒、冷却、过滤
3	计量泵一(加氨水)	操作时有开关、调节及入罐处泵门三处要操作
4	计量泵二(加前体)	操作时有开关、调节及入罐处泵门三处要操作
5	计量泵三(加消沫剂)	操作时有开关、调节及入罐处泵门三处要操作
6	加菌种按钮	点击后自动按比例增加一次菌种
7	预处理罐	容量为 12 600 kg
8	转筒真空过滤器	转筒真空过滤机是一种连续操作的过滤机械，广泛应用于各种工业中。设备的主体是一个能转动的水平圆筒，其表面有一层金属网，网上覆盖滤布，筒的下部浸入滤浆中。圆筒沿径向分隔成若干扇形格，每格都有单独的孔道通至分配头上。圆筒转动时，凭藉分配头的作用使这些孔道依次分别与真空管及压缩空气管相通，因而在回转一周的过程中每个扇形格表面即可顺序进行过滤、洗涤、吸干、吹松、卸饼等项操作
9	混合罐	容量为 17 000 kg
10	分离机	在离心力作用下，将两种密度不同且不相容的溶液分离，轻相由顶部溢流而出，重相由底部排出
11	脱色罐	容量为 17 000 kg
12	活性炭进料按钮	点击“进料阀”按钮，打开进料阀，点击“选择进料量”按钮，输入进料量，然后点击“进料”按钮，完成进料步骤

续表 11－4

编号	名　称	备　注
13	结晶罐	冷却结晶罐，容量为 14 000 kg，有搅拌装置，使结晶颗粒保持悬浮于溶液中，并同溶液有一个相对运动，提高溶质质点的扩散速度，加速晶体长大
14	真空抽滤机	通过抽真空，使晶体与滤液分离
15	洗涤罐	容量为 1 200 kg
16	移出晶体按钮	点击“移出晶体”按钮，可以将晶体移出
17	真空干燥机	真空干燥机是一种在真空条件下操作的接触式干燥过程，与常压干燥相比，真空干燥温度低，水分可在较低的温度下气化蒸发，不需要空气作为干燥介质，减少空气与物料的接触机会，故适用于热敏性和在空气中易氧化物料的干燥
18	输入时间系统	点击时间显示屏，弹出一个对话框，输入时间，然后点击“确定”按钮，进入倒计时状态

七、拓展提高

青霉素是高致敏性药品，按照 GMP 的规定，应该使用专用的厂房、设施、设备，采用独立的净化系统，车间不回风，排风经过净化处理之后才能排放，厂房相对于其他生产区保持负压。

（王雅洁）

项目十二　液体深层发酵生产链霉素

项目有关的背景知识

一、产生菌

瓦克斯曼(Selman A. Waksman)于1943年分离到一株灰色链霉菌(*Streptomyces griseus*),能产生对革兰阳性细菌和革兰阴性细菌都有抗菌作用的一种新的抗生素——链霉素。灰色链霉菌是好氧菌。链霉素和其他抗生素一样是微生物的次级代谢产物。链霉素属于氨基糖苷类抗生素,通过抑制和干扰蛋白质合成抑制菌体生长。

二、形态与结构

链霉菌主要由菌丝和孢子两部分结构组成。根据菌丝的着生部位、形态和功能的不同,放线菌菌丝可分为基内菌丝、气生菌丝和孢子丝三种。

1. 基内菌丝　链霉菌的孢子落在适宜的固体基质表面,在适宜条件下吸收水分,孢子肿胀,萌发出芽,进一步向基质的四周表面和内部伸展,形成基内菌丝,又称初级菌丝或者营养菌丝,直径在0.2～0.8 μm之间,色淡,主要功能是吸收营养物质和排泄代谢产物。可产生黄、蓝、红、绿、褐和紫等水溶色素和脂溶性色素,色素在放线菌的分类和鉴定上有重要的参考价值。

2. 气生菌丝　是基内菌丝长出培养基外并伸向空间的菌丝,又称二级菌丝。在显微镜下观察时,一般气生菌丝颜色较深,比基内菌丝粗,直径为1.0～1.4 μm,长度相差悬殊,形状直伸或弯曲,可产生色素,多为脂溶性色素。

3. 孢子丝　是当气生菌丝发育到一定程度,其顶端分化出的可形成孢子的菌丝,叫孢子丝,又称繁殖菌丝。孢子成熟后,可从孢子丝中逸出飞散。孢子丝发育到一定阶段便分化为孢子。在光学显微镜下,孢子呈圆形、椭圆形、杆状、圆柱状、瓜子状、梭状和半月状等,即使是同一孢子丝分化形成的孢子也不完全相同,因而不能作为分类、坚定的依据。孢子的颜色十分丰富。

图12-1　显微镜下放线菌的结构

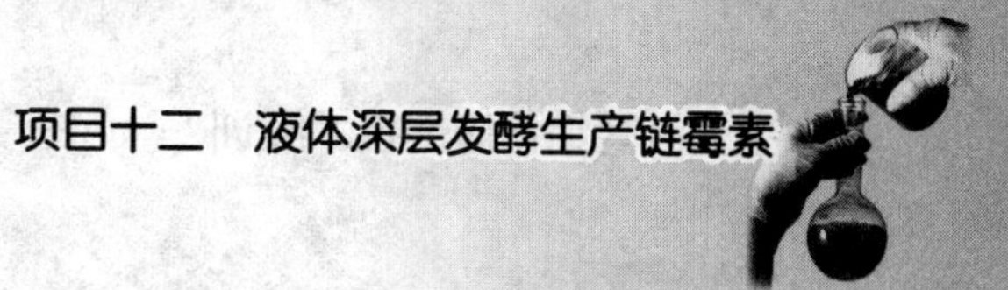

三、链霉菌产生抗生素的意义

研究表明，抗生素主要由放线菌产生，而其中90％又由链霉菌产生，著名的、常用的抗生素如链霉素、土霉素，抗肿瘤的博莱霉素、丝裂霉素，抗真菌的制霉菌素，抗结核的卡那霉素，能有效防治水稻纹枯的井冈霉素等，都是链霉菌的次生代谢产物。有的链霉菌能产生一种以上的抗生素，在化学上，它们常常互不相关；可是，从全世界许多不同地区发现的不同种别，却可能产生同抗生素；改变链霉菌的营养，可能导致抗生素性质的改变。这些菌一般能抵抗自身所产生的抗生素，而对其他链霉菌产生的抗生素可能敏感。

任务1 发酵准备

一、任务介绍

在模拟仿真生产环境下完成培养基的配制、灭菌和种子的制备工作。要求：

1. 能合理选用和制备灰色链霉菌生长所用的培养基。
2. 按照培养基配制的标准操作规程制备培养基。
3. 能安全操作高压灭菌锅，并进行日常维护。
4. 按照标准操作规程，正确使用培养基制备中常用的仪器，如天平、加热设备、pH 计等。
5. 熟悉发酵工业菌种的复壮工艺和质量控制。
6. 按照超净工作台操作规程，在局部洁净区进行灰色链霉菌菌种的制备。

二、任务分析

发酵准备包括培养基的配制、灭菌和种子的制备工作。灰色链霉菌生长缓慢，所以培养基的营养成分必须含有碳源、氮源、能源、无机盐、生长因子和水，其中培养基中的碳源和氮源常采用迅速和缓慢利用的混合碳源、混合氮源。磷酸盐在调节抗生素生物合成中作用明显，一方面直接影响抗生素生物合成中的磷酸酯酶和前体形成中某种酶的活性；另一方面间接调节胞内其他效应剂(如 ATP 和 cAMP)，进而影响抗生素合成，所以磷酸盐的量要适宜。

灰色链霉菌的孢子发芽缓慢，所以可以用液体培养法，即试管→平板→三角瓶→种子罐。在工业上，为了控制菌体的生长和产物的合成，发酵培养基中宜采用迅速和缓慢利用的混合碳源、混合氮源。

发酵准备一般要经过操作前准备、生产操作和准备结束的清洁清场。

三、相关知识

培养基的营养成分及功能、类型和用途，培养基的选择和确定；培养基灭菌的方法。

固体接种和液体接种法。

四、任务需要的材料

1. 菌种　灰色链霉菌 *Streptomyces griseus* AS 4.1095(链霉素产生菌，中国菌种保藏中心)。

2. 试剂和器材　葡萄糖；蛋白胨；黄豆饼粉；淀粉；$CaCO_3$；$(NH_4)_2SO_4$；三角瓶(50 ml，100 ml，250 ml，500 ml)；培养皿；恒温摇床；冷冻离心机；高压灭菌锅；超净工作台等。

附：培养基的配方：

(1) 孢子固体培养基(1 L)：黄豆饼粉 22.3 g，葡萄糖 24.3 g，蛋白胨 1.33 g，pH7.2～7.4，115 ℃高压蒸汽灭菌 30 分钟；28 ℃，恒温培养 6～7 天。

(2) 液体种子培养基(1 L):黄豆饼粉 22.3 g,葡萄糖 24.3 g,淀粉 18.7 g,$(NH_4)_2SO_4$ 2 g,蛋白胨 1.33 g,pH7.2 ~7.4,115 ℃高压蒸汽灭菌 30 分钟;28 ℃,200 转/分振荡培养 4~5 天,即成母瓶培养液。

(3) 发酵培养基(1 L):黄豆饼粉 22.3 g,葡萄糖 10 g,NaCl 2.5 g,蛋白胨 1 g,淀粉 18.7 g,$(NH_4)_2SO_4$ 2 g,$CaCO_3$ 2 g,pH 7.2,115 ℃高压蒸汽灭菌 30 分钟。

五、任务实施

(一) 操作前准备

1. 按《进入生产区更衣程序》,培养基制备操作人员进出洁净区人员更衣规程进行更衣。

2. 检查操作间是否有清场合格标志,并在有效期内。否则按清场标准操作规程进行清场并经 QA 人员检查合格后,填写清场合格证,才能进行下一步操作。将"清场合格证"附入批生产记录。

3. 检查设备是否有"合格"、"已清洁"标牌,并对设备进行检查,确认设备正常,方可使用。

4. 挂运行状态标志,进入操作。

(二) 生产操作

1. 培养基的制备和灭菌。按照配方配制孢子培养基和种子培养基,115 ℃高压蒸汽灭菌 30 分钟。

2. 种子制备

(1) 固体孢子的制备:用接种环(接种铲)挑取冰箱中保藏的菌种接种于种子斜面培养基(或平板培养基)上,于 28 ℃恒温培养箱中培养 6~7 天,即可得到孢子。

(2) 母瓶培养液的制备:向斜面菌种或平板中加入约 3 ml 无菌水,用接种铲铲下斜面上的孢子制备孢子悬液。将孢子悬液接入含有 20 ml 黄豆饼粉种子液体培养基的三角瓶中,28 ℃,200 转/分,振荡培养 4~5 天。(或者:从斜面培养基表面上,用无菌镊子撕下一块含有孢子的培养基,接种于灭菌的含有 20 ml 黄豆饼粉种子液体培养基的三角瓶中,28 ℃,200 转/分,振荡培养 4~5 天,即成母瓶培养液。

备注:在液体培养基中,链霉菌生长的的菌丝难以用吸管吸,故在接发酵培养基时,只能倒入其中,所以每瓶种子培养基的量要计算好。

(3) 种子培养液的制备:无菌操作取 2 ml 母瓶培养液接种于含有 100 ml 发酵培养基的三角瓶中,于 27 ℃恒温摇床,200 转/分,培养 3~4 天。

(三) 生产结束

1. 按《称量间清场操作规程》和《配制间清场操作规程》对仪器、房间进行清洁消毒。

2. 填写批生产记录,并签字。

3. 填写清场记录,经 QA 检查员检查合格,并签发"清场合格证"。

(四) 标准操作规程

1. 培养基配制岗位标准操作规程。

2. pH 计操作、维护规程。

3. 高压蒸汽灭菌锅标准操作规程。
4. 电子天平操作程序规程。
5. 称量间清场操作规程。
6. 配制间清场操作规程。
7. 菌种岗位标准操作规程。
8. 超净工作台标准操作规程。
9. 菌种间清场操作规程。

六、任务归纳总结

(一) 生产工艺管理要点

1. 称量间、配制间保持GMP要求的洁净度级别。
2. 正确配制培养基。
3. 菌种操作室洁净度按万级洁净度要求,操作区洁净度达百级。
4. 接种后放置生化培养箱或摇床培养。
5. 接种过程应确保严格的无菌操作。

(二) 质量控制关键点

1. 培养基的无菌检查合格。
2. 制备的种子为纯种 ①斜面孢子(固体孢子)的生长情况;②液体种子的生长情况。

七、任务的拓展提高

设备常见故障及排除。

任务 2　灰色链霉菌发酵生产链霉素的工艺控制

一、任务介绍

在模拟仿真生产环境下完成灰色链霉菌发酵生产链霉素的工艺控制。要求：

1. 熟悉工业上生产链霉素的方法。
2. 学会次级代谢产物链霉素发酵过程控制的一般方法。
3. 能进行本产品生产所用的仪器仪表使用、保养以及处理常见的故障。

二、任务分析

灰色链霉菌以糖或糖代谢产物为前体合成抗生素。灰色链霉菌在下述条件下产生链霉素：对细胞足够的供氧；存在低浓度无机磷酸盐；足够的葡萄糖和足够高浓度的含氮物质。

在发酵培养基上，链霉素的发酵分三个阶段。生长阶段：菌丝形成，需氧量极大，在两天内形成链霉素不多；成熟阶段：菌丝及重量保持稳定，葡萄糖及其他碳源在培养基中消失，形成链霉素；老化阶段：有许多链霉素形成，然后链霉素产生停止，浓度下降，pH 上升，菌丝自溶，需氧量减少，此时停止发酵。

发酵准备一般要经过操作前准备、生产操作和准备结束的清洁清场。

三、相关知识

次级代谢发酵过程控制的一般方法；初级次级与次级代谢之间的关系。

四、任务需要的材料

1. 菌种灰色链霉菌 *Streptomyces griseus* AS 4.1095（链霉素产生菌，中国菌种保藏中心）。

2. 试剂和器材　葡萄糖；蛋白胨；黄豆饼粉；淀粉；$CaCO_3$；$(NH_4)_2SO_4$；三角瓶（50 ml，100 ml，250 ml，500 ml）；培养皿；恒温摇床；冷冻离心机；5 L 发酵罐等。

五、任务实施

（一）操作前准备

1. 操作人员按《生产区人员更衣规程》进行更衣。

2. 检查发酵工作操作间是否有清场合格标志，并在有效期内。否则按清场标准操作规程进行清场并经 QA 人员检查合格后，填写清场合格证，才能进行下一步操作。将“清场合格证”附入批生产记录。

3. 检查设备是否有“合格”、“已清洁”标牌，并对设备进行检查，确认设备正常，方可使用。

4. 根据“批生产指令”填写领料单，到菌种部门领取菌种。

5. 挂运行状态标志，进入操作。

（二）生产操作

1. 发酵前准备工作

(1) 把进气过滤器、补料瓶及可能用到的各种插针在高压锅内灭菌。

(2) 打开水、电、空压机。

(3) 打开发酵罐总电源。

(4) 校正 pH 电极，之后插入发酵罐内。

(5) 将提前配好的培养基放入罐内，并加入消泡剂。

2. 发酵过程

(1) 灭菌：按《5BG2A 发酵罐灭菌操作规程》进行。

(2) 接种：将 20 ml 种子培养液接种于装有 2 000 ml 发酵培养基的 5 L 发酵罐中。于28 ℃恒温摇床，200 转/分，培养 3～4 天，进行链霉素发酵。

灰色链霉菌的最适生长温度为 37 ℃，但其生产抗生素的最适温度为 28 ℃。

(3) 补料：补料时在火焰保护下插针，需加酸时禁止采用 HCl(对不锈钢有腐蚀性)

(4) 取样：用取样插针，用罐压压出。插针插入后，打开通气，关闭尾气。

(5) 放料：放料前，务必先要关闭温度和转速，确认面板显示“OFF”。

3. 清洗。

4. 关机　在关闭电源前，确认温度和转速处于“OFF”状态。电源关闭后，及时关闭冷却水。发酵罐在不使用的情况下，一般保持一定体积的清水。

5. 发酵液预处理　发酵结束后，将发酵液在低温条件下 5 000 转/分离心 10 分钟，上清即为含有链霉素的样品，取上清待测。

如果不进行链霉素的分离纯化，可直接对发酵液进行抗生素抑菌实验和纸层析生物显色分析鉴定。

（三）生产结束

1. 发酵结束后，关闭设备所有开关，关闭总电源。

2. 填写《发酵生产批报(发酵罐)》。

3. 按《发酵间清场操作规程》对设备、房间进行清洁消毒。

4. 填写清场记录，经 QA 检查员检查合格，在批生产记录上签字，并签发“清场合格证”。

（四）标准操作规程

1. 发酵岗位标准操作规程。

2. 发酵罐标准操作规程。

3. 发酵间清场操作规程。

六、归纳总结

（一）生产工艺管理要点

1. 能按照 GMP 规范组织生产，协调各工序的工作组织生产、质量控制。

2. 采用发酵液中还原糖测定的方法测定发酵液总糖或还原糖的含量，以便了解发酵过程中总糖或还原糖的消耗情况，以确定发酵终点。

3. 确定该菌株发酵生产链霉素的主要影响因素及其较优发酵条件，如何对其进行调控。

（二）质量控制关键点

能进行与本车间相关的质量要点控制。

七、拓展提高

1. 能对本产品生产过程中的较重大的事故隐患提出处理意见，并采取有效措施减少对生产的影响。

2. 具有应对事故的处理能力。

3. 能起草标准操作规程。

任务3　灰色链霉菌发酵生产链霉素的生物活性测定

一、任务介绍

在模拟仿真生产环境下完成灰色链霉菌发酵生产链霉素的产物的检测。要求：

1. 正确地对发酵预处理，能进行抗生素抑菌实验。
2. 了解抗生素的检测和鉴定方法。

二、任务分析

（一）链霉素效价测定

一个链霉素效价单位为能抑制1 ml肉汤培养基中大肠杆菌发育所需要的最小剂量。

抗生素的生物效价方法常用的有：稀释法、比浊法和扩散法（或称渗透法）。

1. 稀释法　将抗生素稀释为各种浓度，并依次分装到一系列的容器内，再加入等量“试验菌种”菌液，放在37℃保温箱内孵育一定时间，观察何种稀释浓度能抑制细菌的生长，或以细菌生长所导致的pH改变及溶血现象等生化反应作为测定重点，再将同样处理的标准抗生素终点作比较，即可求得检品的效价。

2. 比浊法　比浊法不以细菌有无生长作为区分终点，而是将标准品浓度和细菌生长所致混浊度求得一定的比例，再由检品的细菌生长浑浊度推算检品的效价。这一方法易受杂质的影响，并且不适用于有色或浑浊的检品。

3. 扩散法　使用固体培养基，在培养基凝固以前将“试验菌种”混合进去，在这样备好的培养基表面，可以用种种设计使检品液或含有抗生素的物质与有菌种的培养基接触，经过培育后，由于抗生素向培养基中扩散，凡抑菌浓度所达、细菌不能生长而呈透明的抑菌范围，一般都呈圆形，成为“抑菌圈”。

本次实验采用“抑菌圈”法测定发酵液中链霉素的效价。

（二）抗生素的检测和鉴定方法

纸层析是鉴别抗生素的方法之一，常用8个溶剂系统进行纸层析，层析后进行生物显色并绘制层析图谱，根据层析图谱对未知抗生素进行鉴定。本实验采用其中一个溶剂系统，并用标准链霉素溶液作为对照对发酵液进行鉴定。

三、相关知识

产物的分析方法：

（1）还原糖的测定：DNS比色法。

（2）菌体浓度：培养液稀释到一定倍数后，采用分光光度计测定660 nm下的吸光值。

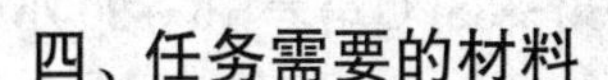

四、任务需要的材料

大肠杆菌 *E. coli*　K12S(用于生物显影)；金黄色葡萄球菌(*Staphylococcus aureus*，用于生物显影)；牛津杯；正丁醇；新华 3 号滤纸；层析缸(30 cm×10 cm)；搪瓷盘(25 cm×15 cm×5 cm)；毛细管；培养皿。

1. 链霉素标准溶液(10 mg/ml)　将链霉素溶于去离子水中，无菌滤膜过滤后备用；

2. 展层溶剂系统　水饱和的正丁醇。

五、任务实施

(一) 操作前准备

1. 操作人员按《生产区人员更衣规程》进行更衣。

2. 检查发酵工作操作间是否有清场合格标志，并在有效期内。否则按清场标准操作规程进行清场并经 QA 人员检查合格后，填写清场合格证，才能进行下一步操作。将“清场合格证”附入批生产记录。

3. 检查设备是否有“合格”、“已清洁”标牌，并对设备进行检查，确认设备正常，方可使用。

4. 根据“批生产指令”填写领料单，到菌种部储领取菌种。

5. 挂运行状态标志，进入操作。

(二) 生产操作：

1. 链霉素效价测定　本实验采用扩散法对发酵液抗菌活性测定。

(1) 制备牛肉膏蛋白胨固体培养基平板：向平皿内倒入约 15 ml 牛肉膏蛋白胨固体培养基，平放待凝。

牛肉膏蛋白胨固体培养基：牛肉膏 3 g，蛋白胨 10 g，NaCl 5 g，琼脂 20 g，水 1 000 ml，pH7.4～7.6，121 ℃高压蒸汽灭菌 30 分钟。

(2) 均匀涂布大肠杆菌和金黄色葡萄球菌的混合菌液：在凝固的牛肉膏蛋白胨固体培养基平板上均匀涂布大肠杆菌。

(3) 在凝固的平板上放置牛津杯，待其表面干燥后，用镊子分别取 3～4 个灭菌的牛津杯，垂直置于已凝固的平板上。

(4) 牛津杯注入发酵液，培养过夜：取上述发酵液 0.2 ml 注入 3 个牛津杯中，取无菌水 0.2 ml 注入另一个牛津杯中作为阴性对照，稳端平板放在 37 ℃培养箱中培养过夜。

(5) 观察结果：牛津杯周围有无抑菌圈、测量记录抑菌圈大小 。

2. 链霉素的纸层析鉴定

(1) 点样：在距新华滤纸(25 cm×19 cm)底端 2.5 cm 处划一道横线，用毛细管将发酵清液和标准链霉素溶液(10 mg/ml)点在滤纸的横线上。每个样品之间距离 2 cm。

(2) 层析：将点好样的滤纸做成圆筒状，置于含有展层溶剂系统的层析缸中，于 20～25 ℃上行扩展 20～25 cm 后取出，挥发除净溶剂。

(3) 显影(生物显影法)：将滤纸贴在接种有大肠杆菌或金黄色葡萄球菌的琼脂平板上，置

冰箱中(10 ℃,4 小时),使滤纸上的抗生素渗透到平板上,然后于 30～35 ℃培养 16～20 小时,根据平板上样品抑菌区的位置判断抗生素的类型。

(三) 生产结束

1. 按《检测车间清场操作规程》对设备、房间进行清洁消毒。

2. 填写清场记录,经 QA 检查员检查合格,在批生产记录上签字,并签发“清场合格证”。

(四) 标准操作规程

1. 产物检测岗位标准操作规程。

2. 产物检测间清场操作规程。

六、归纳总结

(一) 生产工艺管理要点

1. 能按照 GMP 规范组织生产,协调各工序的工作组织生产、质量控制。

2. 观察链霉素发酵液对细菌的抑制作用。

3. 抗生素的生物效价如何衡量。

(二) 质量控制关键点

能进行与本车间相关的质量要点控制。

七、拓展提高

1. 能对本产品生产过程中的较重大的事故隐患提出处理意见,并采取有效措施减少对生产的影响。

2. 具有应对事故的处理能力。

3. 能起草标准操作规程

(宋小平)

项目十三　动物细胞培养技术

项目有关的背景知识

《国标组织培养协会》对细胞养的专业术语作了统一规定：

细胞培养——细胞（包括单个细胞）在体外条件下的生长称为细胞培养。在细胞培养中，细胞不再形成组织。

贴壁依赖性细胞或培养物——由它们繁衍出来的细胞或培养物只有贴附于不定化学作用的物体（如玻璃或塑料等无活性物体）的表面时，才能生长、生存或维持其功能。

无菌——在培养物中不存在真菌、细菌、病毒、支原体或其他微生物。

细胞一代时间——单个细胞两次、连续分裂的时间间隔。

细胞杂交——两个或多个不同的细胞融合，导致一个合核体的形成。

细胞系——原代培养物经首次传代成功后即成为细胞（如传代数有限，可称为有限细胞系；如可连续传代，则称为连续细胞系）

细胞株——通过选择法或克隆形成法，从原代培养物或细胞系中获得的具有特殊性质或标志的培养称为细胞株。从培养代数来讲，可培养到 40～50 代以上。

细胞动物细胞培养包括培养器材的清洗与消毒、灭菌；细胞培养液配制；动物细胞的传代培养；肿瘤细胞药物干预实验；细胞的冻存和细胞的复苏。

任务1　培养器材的清洗与消毒、灭菌

一、任务介绍

在模拟仿真生产环境下完成培养器材的清洗与消毒、灭菌工作。要求：

1. 能独立地进行用于细胞培养的各种器皿的清洗与消毒。

2. 掌握干热灭菌法、湿热灭菌法和滤过除菌法的操作。

3. 能安全操作高压灭菌锅，并进行日常维护。

4. 了解动物培养室的设置，会使用动物细胞培养常用设备，超净工作台、CO_2 培养箱、倒置显微镜、液氮罐等的使用方法。

二、任务分析

清洗与消毒是组织培养实验的第一步，是组织培养中工作量最大，也是最基本的步骤。体外培养细胞所使用的各种玻璃或塑料器皿对清洁和无菌的要求程度很高。细胞养不好与清洗不彻底有很大关系。清洗后的玻璃器皿，不仅要求干净透明，无油迹，而且不能残留任何物质。如有毒的化学物质，哪怕残留 0.1 个单位，也可能影响细胞生长。灭菌手段的选择十分重要，对不同的物品需采用不同的灭菌方法。假如选用的方法不对，但达到了无菌，但被灭菌药品也丧失了生物学特性，使用价值也不行。以下在每种灭菌步骤中都介绍其使用范围。

三、相关知识

（一）玻璃器皿的清洗

1. 新玻璃器皿的清洗　先用自来水刷洗，再浸泡 5%稀盐酸以中和玻璃表面的碱性物质和其他有害物质。

2. 使用过的玻璃器皿的清洗

(1) 使用过的培养用品应立即浸入清水，避免干涸难洗。

(2) 用洗涤剂清洗玻璃器皿，自来水清洗数遍，倒置自然干燥。

(3) 浸酸性洗液过夜。

(4) 从酸性洗液捞出后自来水冲洗 10～15 次去除残余酸液，蒸馏水涮洗 3 次，倒置烘干。

(5) 包装(牛皮纸或一般纸)。

(6) 高压(121 ℃，20 分钟)或干热(170 ℃，2 小时)灭菌。

(7) 贮存备用。

（二）橡胶塞的清洗

1. 新胶塞应先用清水清洗之后再用 2%NaOH 煮沸 10～20 分钟。

2. 自来水清洗10次。

3. 再用1%稀盐酸浸泡30分钟。

4. 自来水清洗10次,蒸馏水涮洗3次。晾干,高压灭菌。

使用过的胶塞,每次用后立即置入水中浸泡,用2%NaOH或洗衣粉煮沸10～20分钟(以除掉培养中的蛋白质),自来水冲洗,蒸馏水冲洗2～3次,晾干备用。

(三) 塑料制品的清洗

塑料制品现多是采用无毒并已经特殊处理的包装,打开包装即可用,多为一次性物品。

必要时用2%NaOH浸泡过夜,用自来水充分冲洗,再用5%盐酸溶液浸泡30分钟,最后用自来水和蒸馏水冲洗干净,晾干备用。

(四) 消毒

1. 物理消毒法

(1) 紫外线消毒:用于消毒空气、操作台面和一些不能用干热、湿热灭菌的培养器皿,如塑料培养皿、培养板等。这是常用的消毒方法之一。

(2) 干热灭菌:主要用于玻璃器皿的灭菌。将用于细胞培养的器皿放入干燥箱内,加热至160 ℃,保温90～120分钟。用于RNA提取实验的用品则需180 ℃,保温5～8小时。

(3) 湿热灭菌:此方法也称为高压蒸汽灭菌,是最有效的一种灭菌方法。主要应用范围是布类、橡胶制品(如胶塞)、金属器械、玻璃器皿、某些塑料制品以及加热后不发生沉淀的无机溶液(如Hanks液、PBS、20×SSC等)。手动高压灭菌锅操作如下:

①首先查看高压锅内的水是否充足,放入物品盖好盖。

②加热高压锅。将放气阀打开,放气5～10分钟,以排除锅内的冷空气。

③待锅内水沸腾后,落下放气阀继续升温升压,玻璃器皿等用121 ℃、30分钟,胶塞、塑料制品、溶液等可用115 ℃、20分钟。调节火力大小保持该压力。

④停止加热,待压力自然下降至0再打开放气阀排汽,开盖,取出高压灭菌的物品烘干。

(4) 滤过除菌:用于培养用液和各种不能高压灭菌的溶液的灭菌。采用金属滤器和小型的塑料滤器,配上可以更换的微孔滤膜,极大地方便了操作。滤器型号按直径大小划分。如过滤量大的培养用液常用较大型号的金属滤器(直径90 mm、100 mm、142 mm等),配以过滤泵使用。过滤量较小的液体常用注射器推动的塑料小滤器(直径20 mm、25 mm等)。滤膜孔径有0.60 μm、0.45 μm、0.35 μm、0.22 μm、0.10 μm等,以0.22 μm除菌最为保险,但对于较黏稠、难滤过的液体,仍需选用孔径较大的滤膜。①在过滤器上装上微孔滤膜,孔径为0.22 μm。②用布包好,湿热灭菌后使用。

2. 化学消毒法　常用的消毒液有如下几种:

(1) 70%(或75%)乙醇:超净台里常备70%乙醇棉球(卫生级乙醇),用于手和一些金属器械或工作台面的消毒。

(2) 0.1%苯扎溴铵:主要用于手和前臂的清洗以及工作后超净台面的清洁。超净台旁应常备盛有0.1%苯扎溴铵溶液的容器及纱布。

(3) 煤酚皂溶液(来苏儿水):主要用于无菌室桌椅、墙壁、地面的消毒和清洗,以及空气喷撒消毒，特别是污染细胞的消毒处理。使用浓度请按瓶上说明。

(4) 0.5%过氧乙酸：是强效消毒剂，10 分钟即可将芽胞菌杀死。用于各种物品的表面消毒，用喷洒和擦拭方式进行。

(5) 乳酸蒸汽：将乳酸放入坩锅内用酒精灯或电炉加热至沸腾为止。将门窗紧闭 1～3 天。可将空气中漂浮的微生物杀死。

(6) 37%甲醛加高锰酸钾：使用前先紧闭门窗。将 37%甲醛用酒精灯或电炉加热至沸腾后断电或灭火。用一张纸盛好适量的高锰酸钾，迅速放入已加热好的甲醛中形成蒸汽。1～3 天后方可达到消毒空气的目的。

3. 煮沸消毒　急性消毒可用煮沸法，器械等煮沸 15 分钟后使用。

四、任务需要的材料

1. 材料　无臭氧型紫外灯，微孔滤膜(直径 25)：孔径为 0.22 μm，微孔滤膜(直径 90)：孔径为 0.22 μm，过滤器(直径 25)。

2. 药品　70%或 75%乙醇，0.1%苯扎溴铵，煤酚皂溶液(来苏儿水)，0.5%过氧乙酸，37%甲醛，高锰酸钾，NaOH，盐酸，重铬酸钾，浓硫酸(工业)。

3. 仪器　超净台，干燥箱，高压锅，过滤器，不锈钢过滤器。

五、任务实施

(一) 操作前准备

1. 按《进入生产区更衣程序》，培养基制备操作人员进出洁净区人员更衣规程进行更衣。

2. 检查操作间是否有清场合格标志，并在有效期内。否则按清场标准操作规程进行清场并经 QA 人员检查合格后，填写清场合格证，才能进行下一步操作。将“清场合格证”附入批生产记录。

3. 检查设备是否有“合格”、“已清洁”标牌，并对设备进行检查，确认设备正常，方可使用。

4. 挂运行状态标志，进入操作。

(二) 生产操作

1. 清洗。

2. 消毒和灭菌。

(三) 生产结束

1. 按《洗涤间清场操作规程》对仪器、房间进行清洁消毒。

2. 填写批生产记录，并签字。

3. 填写清场记录，经 QA 检查员检查合格，并签发“清场合格证”。

(四) 标准操作规程

1. 高压蒸汽灭菌锅标准操作规程。

2. 洗涤间清场操作规程。

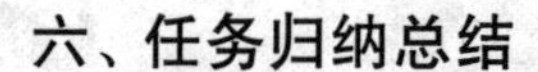

六、任务归纳总结

(一) 生产工艺管理要点

1. 清洗玻璃制品时，浸酸之后一定要用自来水冲洗 10～15 次。因为残存的洗液对细胞黏附有很大影响。清洗塑料制品时要用棉花或柔软纱布擦洗。千万不要用硬毛刷，否则损害塑料表面后细胞不易贴壁。Tip 和 Tube 一定要用超声清洗处理后逐个清洗。如没有洗净，会影响下一次使用的效果。

2. 干热灭菌时，应在白天使用烤箱，并不断观察，以免发生意外。当温度超过 100 ℃时，不能再打开烤箱门。器皿烤完后，待温度降至 100 ℃之下才能开烤箱门。金属器械和橡胶、塑料制品不能使用干热灭菌方法。

3. 高压灭菌后器皿务必晾干或烘干，以防包装纸潮湿发霉。

4. 牛血清、大部分培养基、胰酶和一些生物制剂是有机溶液，均不能高压(如 TdR、秋水仙素、谷氨酰胺、异硫氰酸胍、MOPS 等)。

5. 滤过除菌时，滤器在使用前先装好滤膜(有时可在上面加一层定性滤纸)，包好，经高压灭菌后才能使用。滤过酶类制剂时应待滤器温度降至室温下再进行。过滤时压力不宜过大，压力数字以 2 为宜。压力太大时微孔滤膜可能破裂，或使某些微生物变形而通过滤膜。装滤膜时位置要准确。另外，滤器包装时，螺钉不要拧得太紧，以防高压蒸汽不能进入，待高压灭菌之后，再拧紧使用。

6. 使用化学消毒法时，配制 75%乙醇应用卫生级，不要用化学纯、分析纯和优质纯乙醇。来苏儿水不能用于皮肤消毒，它对皮肤有刺激性。空气消毒时，所有的物品要事先准备齐全并使消毒者有较方便的退出途径，因为甲醛或乳酸加热后放出的蒸汽对人的角膜和呼吸道上皮有严重的刺激和伤害作用。

(二) 质量控制关键点

培养器皿的无菌检查合格。

【附】 洗涤液配方(1 L)

配方：重铬酸钾 120 g；浓硫酸 200 ml；自来水 1 000 ml。

注意事项：重铬酸钾溶于水中有时不能完全溶解，预先用热水助其溶解，再加入足量自来水，最后缓慢加浓硫酸。浓硫酸要缓慢加入，且边加边搅拌，要注意安全，最好戴防护手套。

任务2　细胞培养液配制

一、任务介绍

在模拟仿真生产环境下完成细胞培养液配制工作。要求：

1. 学会按照培养用液配制的标准操作规程制备培养用液。

2. 能安全操作高压灭菌锅,并进行日常维护。

3. 按照标准操作规程,正确使用培养基制备中常用的仪器,如电子天平、不锈钢过滤器、塑料过滤器、pH 计等。

二、任务分析

细胞在体外的生存环境是人工模拟的,除需无菌、温度、空气、pH 等条件以外,最主要的是培养基,它是供给细胞营养和保正细胞生长的物质,也是细胞的生存环境。因此,细胞培养基的设计应该是为细胞提供一个尽可能接近的体内环境。培养基必须具有下述基本条件:

1. 营养物质　培养基必须供给活细胞所需要的全部盐类。

2. 缓冲能力　培养基必须含有非毒性的缓冲液,而且 pH 在 7.0～7.2 之间。

3. 等渗性　溶解于培养基的物质浓度产生的等渗性必须与细胞内的液体一致。

4. 无菌　培养基不能有微生物,利用培养基繁殖起来的微生物会破坏培养的活细胞。

三、相关知识

培养用液的配制

1. DMEM 培养液的配制　每小袋试剂可配制 1 000 ml DMEM 溶液,把两小袋中粉末直接加到 2 000 ml 蒸馏水中,并加入灭菌的 $NaHCO_3$ 调 pH,搅拌溶解后过滤除菌,每瓶按 100 ml 分装,塞好大翻,并注明名称配制日期。每实验室 20 瓶。

2. Hank's 液配方(用于洗涤组织细胞)　$KH_2PO_4 \cdot H_2O$ 0.06 g,NaCl 8.0 g,$NaHCO_3$ 0.35 g,$CaCl_2$ 0.14 g,$MgSO_4 \cdot 7H_2O$ 0.2 g,葡萄糖 1.0 g,$Na_2HPO_4 \cdot H_2O$ 0.06 g,加三蒸水或去离子水至 1 000 ml。最后加酚红 0.02 g。高压灭菌。4 ℃下保存。

3. D-Hank's 液配方(用于配制胰酶消化液)　除不含 $MgSO_4 \cdot 7H_2O$,$CaCl_2$ 和葡萄糖外,其余成分与 Hank's 液配方同。

$KH_2PO_4 \cdot H_2O$ 0.06 g,NaCl 8.0 g,$NaHCO_3$ 0.35 g,Na_2HPO 4 $\cdot H_2O$ 0.06 g,加三蒸水或去离子水至 1 000 ml。最后加酚红 0.02 g。高压灭菌。4 ℃下保存。

4. 0.25%胰蛋白酶溶液的配制　将 D-Hanks 液用 5.6% $NaHCO_3$ 调至 pH7.2 左右。

称胰酶粉末 0.25 克于烧杯中,选用少许平衡盐溶液调成糊状,再补足至 100 ml,搅拌均匀,置室温 4 小时或冰箱内过夜。

滤器过滤除菌，无菌分装如青霉素瓶，4 ℃保存，用前可在 37 ℃下回温。

5. 双抗(100×)　4 瓶青霉素(钠盐)和 2 瓶链霉素(双氢)溶于无菌去离子水 100 ml，每毫升含青霉素 10 000 U，链霉素 10 000 μg；分装小瓶，−20 ℃冰冻保存。

使用：99 ml 培养液中加入青、链霉素混合液 1 ml，最终浓度为青霉素 100 U/ml，链霉素 100 μg/ml。

6. 3%L-Glutamin 溶液　3 g L-Glutamin 溶于无菌去离子 100 ml，滤过除菌，分装，−20 ℃保存，使用时每 100 ml 培养液加 1 ml。

7. 血清的灭活和分装　总量为 200 ml，在 56 ℃的水浴锅中将所需的无菌血清进行热灭活，灭活时间 30 分钟，然后按照每瓶 5 ml 分装，并在瓶口处贴好胶布做好标记，注明日期和组别。每小组 2 瓶，−20 ℃保存备用。

8. PBS 配制　NaCl 16 g，KCl 0.4 g，$Na_2HPO_4 \cdot 12H_2O$ 5.8 g，KH_2PO_4 0.4 g，去离子水 2 000 ml。总量为 2 000 ml，每瓶按 100 ml 分装，用硫酸纸包好瓶口，待高压灭菌后换瓶塞保存。每小组 1 瓶。

9. pH 调整液——$NaHCO_3$ 溶液　为了营养成分稳定和延长贮存时间，在配制营养液时都不预先加入 $NaHCO_3$，而在使用前再加入，故 $NaHCO_3$ 都是单独配制，高压灭菌。

合成培养基大都呈弱酸性，而细胞生长的最适 pH 为 7.0～7.2，可忍耐的 pH 范围 6.6～7.8。pH 到 7.6 时，细胞虽有代谢但不再分裂增殖，故使用培养基时要调整 pH，并注意培养过程中的 pH 变化以及时换液。常用的 pH 调整液是 $NaHCO_3$。$NaHCO_3$ 常用的浓度有 7.4%、5.6%、3.7%。配制时用去离子溶解后，滤过除菌，分装小瓶，盖紧瓶塞，于 4 ℃或室温保存。

四、任务需要的材料

下面是每班 30 人的准备量。

1. 普通材料　天平 1 台，酒精瓶 3 个，1 000 ml、250 ml 量筒各 1 个，500 ml 盐水瓶 1 个，玻璃棒 2 个，火柴，标签纸，记号笔等。

2. 无菌材料　100 ml 或 250 ml 盐水瓶 70 个，加瓶塞 70 个；10 ml 吸管 3 支；5 ml 吸管 5 支，1 ml 吸管 1 支；青霉素瓶 120 个，加青霉素瓶塞 120 个。

3. 试剂　DMEM 培养液，$NaHCO_3$，胰酶，L-Glutamin 青霉素(钠盐)，链霉素，$KH_2PO_4 \cdot H_2O$，NaCl，$NaHCO_3$，$CaCl_2$，$MgSO_4 \cdot 7H_2O$，葡萄糖，$Na_2HPO_4 \cdot 12H_2O$，KCl 等。

五、任务实施

(一) 操作前准备

1. 按《进入生产区更衣程序》，培养基制备操作人员进出洁净区人员更衣规程进行更衣。

2. 检查操作间是否有清场合格标志，并在有效期内。否则按清场标准操作规程进行清场并经 QA 人员检查合格后，填写清场合格证，才能进行下一步操作。将“清场合格证”附入批生产记录。

3. 检查设备是否有“合格”、“已清洁”标牌，并对设备进行检查，确认设备正常，方可使用。

4. 挂运行状态标志，进入操作。

（二）生产操作

培养基的制备和灭菌。

（三）生产结束

1. 按《称量间清场操作规程》和《配制间清场操作规程》对仪器、房间进行清洁消毒。
2. 填写批生产记录，并签字。
3. 填写清场记录，经 QA 检查员检查合格，并签发“清场合格证”。

（四）标准操作规程

1. 培养用液配制岗位标准操作规程。
2. pH 计操作、维护规程。
3. 高压蒸汽灭菌锅标准操作规程。
4. 电子天平操作程序规程。
5. 称量间清场操作规程。
6. 配制间清场操作规程。
7. 超净工作台标准操作规程。

六、任务归纳总结

（一）生产工艺管理要点

1. 称量间、配制间达到 GMP 要求的洁净度。
2. 正确配制培养用液。
3. 滤过除菌应确保仪器和操作过程严格的无菌操作。

（二）质量控制关键点

培养用液的无菌检查合格。

任务3　肿瘤细胞传代培养

一、任务介绍

在模拟仿真生产环境下完成肿瘤细胞传代培养工作。要求：

1. 初步学会动物细胞传代培养的方法。
2. 熟悉动物细胞传代培养技术要点。
3. 正确使用动物细胞培养常用设备，超净工作台、CO_2 培养箱、倒置显微镜、液氮罐等。

二、任务分析

肿瘤细胞培养后，其数量增加，细胞进行增殖，单层培养细胞相互汇合，整个瓶底逐渐被细胞覆盖。这时需要进行分离培养，否则细胞会因生存空间不足或密度过大，营养障碍，影响细胞生长。细胞由原培养瓶内分离稀释后传到新的培养瓶的过程称之为传代；进行一次分离再培养称之为传一代。

细胞培养传代根据不同细胞采取不同的方法。贴壁生长的细胞用消化法传代；部分贴壁生长的细胞用直接吹打即可传代；悬浮生长的细胞可以采用直接吹打或离心分离后传代，或用自然沉降法吸除上清后，再吹打传代。

三、相关知识

(一) 培养细胞的生长方式和特点

1. 贴附生长　必须贴附于支持物表面才能生长。见于各种实体瘤细胞。

2. 悬浮生长　于悬浮状态下即可生长，不需要贴附于支持物表面。见于各种造血系统肿瘤细胞。

每代贴附生长细胞的生长过程：游离期、贴壁期、潜伏期、对数生长期和停止期(平台期)。

(1) 游离期：细胞接种后在培养液中呈悬浮状态，也称悬浮期。此时细胞质回缩，胞体呈圆球形，10 分钟至 4 小时。

(2) 贴壁期：细胞附着于底物上，游离期结束。细胞株平均在 10 分钟至 4 小时贴壁。底物：胶原、玻璃、塑料、其他细胞等血清中有促使细胞贴壁的冷析球蛋白和纤粘素、胶原等糖蛋白(生长基质)，这些带正电荷的糖蛋白的促贴壁因子先吸附于底物上，悬浮细胞再与吸附有促贴壁因子的附着。进口塑料培养瓶涂有生长基质(化学合成的功能基团)。

(3) 潜伏期：此时细胞有生长活动，而无细胞分裂。细胞株潜伏期一般为 6～24 小时。

(4) 对数生长期：细胞数随时间变化成倍增长，活力最佳，最适合进行实验研究。

(5) 停止期(平台期)：细胞长满瓶壁后，细胞虽有活力但不再分裂。

机制：接触抑制、密度依赖性。

培养细胞的主要生物学特点：去分化、贴壁和铺展、接触抑制和密度依赖性。

（二）动物细胞的体外培养的条件

动物细胞的体外培养，根本特点是模拟体内的条件，因此，其重要的条件可以概括为无菌、生长环境（pH、温度）和营养三个方面。

与多数哺乳动物体内温度相似，培养细胞的最适温度为（37±0.5）℃，偏离此温度，细胞的正常生长及代谢将会受到影响甚至导致死亡，实践证明，细胞对低温的耐受性要比对高温的耐受性强些，低温下会使细胞生长代谢速率降低；一经恢复正常温度时，细胞会再行生长。若在40℃左右，则在几小时内细胞便会死亡，因此高温对细胞的威胁甚大。

细胞培养的pH最适为7.2～7.4间，当pH低于6.0或高于7.6时，细胞的生长会受到影响，甚至导致死亡。但是，多数类型的细胞对偏酸性的耐受性较强，而在偏碱性的情况下则会很快死亡。

细胞的生长代谢自然离不开气体，容器空间中的O_2及CO_2足以保证细胞体内的代谢活动的进行，但作为代谢产物的CO_2在培养环境中还有另外一个重要作用，即调节pH的作用。在保证细胞渗透压的情况下，培养液里的成分要满足细胞进行糖代谢、脂代谢、蛋白质代谢及核酸代谢所需要的各种组成，如包括十几种必需氨基酸及其他多种非必需氨基酸、维生素、碳水化合物及无机盐类等。

四、任务需要的材料

1. 器材　5 ml或10 ml吸管；1 ml吸管；细胞瓶；超净工作台；倒置显微镜；酒精灯；吸耳球；无菌吸管；记号笔；计数板；CO_2培养箱。

2. 试剂　DMEM液，Hank's液，血清，0.25%胰蛋白酶溶液，双抗（100×），3% L-Glutamin溶液，0.04%台盼蓝。

3. 材料　人喉癌上皮细胞（Hep-2）或前列腺癌细胞。

五、任务实施

（一）操作前准备

1. 按《进入生产区更衣程序》，培养基制备操作人员进出洁净区人员更衣规程进行更衣。

2. 检查操作间是否有清场合格标志，并在有效期内。否则按清场标准操作规程进行清场并经QA人员检查合格后，填写清场合格证，才能进行下一步操作。将“清场合格证”附入批生产记录。

3. 检查设备是否有“合格”、“已清洁”标牌，并对设备进行检查，确认设备正常，方可使用。

4. 挂运行状态标志，进入操作。

（二）生产操作

1. 将细胞生长面朝上轻轻倒掉上清液，用Hank's液小心洗涤三次，注意吸管尖头不要伸到细胞瓶中。

2. 用上述吸管吸取1～2 ml 0.25%胰蛋白酶加入细胞瓶中，铺满整个细胞生长面即可；室温或手握住消化，3～5 分钟。当细胞胞质回缩、细胞间隙增大后，即可停止消化，尽可能弃尽消化液，继续利用残余的消化液消化，直至细胞大部分易在外力作用下从细胞瓶表面脱落下来为止。

3. 加入少量 DMEM 液细胞瓶中，用小头吸管吹打瓶壁细胞以及脱落细胞，使细胞充分均匀，吹打时动作要轻柔不要用力过猛，尽可能不要出现泡沫。

4. 计数　用吸管吹打细胞悬液，取少许细胞悬液与等量 0.04%台盼蓝混匀，在计数板上盖玻片的一侧加该细胞悬液，加样量不要溢出盖玻片，也不要过少或带气泡。计算细胞密度。用 DMEM 制备成 10^6/ml 的细胞悬液，并按 10%的量加入小牛血清。

5. 将上述细胞悬液分装 5 ml 到新细胞瓶中，塞好塞子，送培养箱培养，24 小时后观察。

（三）生产结束

1. 按《培养间操作规程》和《培养间清场操作规程》对仪器、房间进行清洁消毒。

2. 填写批生产记录，并签字。

3. 填写清场记录，经 QA 检查员检查合格，并签发“清场合格证”。

（四）标准操作规程

1. 细胞培养岗位标准操作规程。

2. 倒置显微镜标准操作规程。

3. CO_2 培养箱标准操作规程。

4. 培养间操作规程。

5. 培养间清场操作规程。

六、任务归纳总结

（一）生产工艺管理要点

严格的无菌操作。

（二）质量控制关键点

1. 传代的细胞无污染，次日观察细胞生长良好。

2. 操作间的消毒灭菌。

七、任务的拓展提高

1. 设备常见故障及排除方法。

2. 细胞污染的判断和排除方法。

任务4　肿瘤细胞药物干预技术(MTT 法)

一、任务介绍

在模拟仿真生产环境下完成肿瘤细胞药物干预培养工作。要求：

1. 初步学会肿瘤细胞药物干预实验基本检测方法(MTT 法)。
2. 熟悉 MTT 法的原理。
3. 正确使用动物细胞培养常用设备，超净工作台、CO_2 培养箱、倒置显微镜、液氮罐等。

二、任务分析

四唑盐(MTT)商品名为噻唑蓝，四吐盐比色法的原理：活细胞中脱氢酶能将四唑盐还原成不溶于水的蓝紫色产物甲瓒(formazan)，并沉淀在细胞中，而死细胞没有这种功能。二甲亚砜(DMSO)能溶解沉积在细胞中蓝紫色结晶物，溶液颜色深浅与所含的甲瓒量成正比。再用酶标仪测定 OD 值。

三、相关知识

MTT 法的原理；MTT 法的特点和适用范围：简单快速、准确，广泛应用于新药筛选、细胞毒性试验、肿瘤放射敏感性实验等。

四、任务需要的材料

1. 器材　96 孔培养板；离心机；微量移液器；超净工作台；倒置显微镜；酒精灯；吸球；无菌的吸管；记号笔；CO_2 培养箱。
2. 试剂　四甲基偶氮唑蓝(MTT)；顺铂注射液(规格：6 ml，每支 30 mg)；DMEM 培养基。
3. 材料　Hep－2 细胞/或前列腺癌细胞。

注：用无血清的 DMEM 培养基配制 5 个不同的药物浓度：分别取 0 ml、0.5 ml、1.5 ml、2.0 ml、2.5 ml、5 ml 加到 100 ml 无血清的 DMEM 培养基中。

五、任务实施

(一) 操作前准备

1. 按《进入生产区更衣程序》，培养基制备操作人员进出洁净区人员更衣规程进行更衣。
2. 检查操作间是否有清场合格标志，并在有效期内。否则按清场标准操作规程进行清场并经 QA 人员检查合格后，填写清场合格证，才能进行下一步操作。将“清场合格证”附入批生产记录。
3. 检查设备是否有“合格”、“已清洁”标牌，并对设备进行检查，确认设备正常，方可使用。

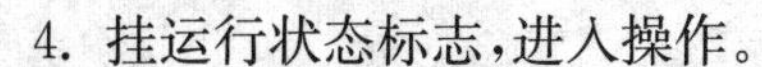

4. 挂运行状态标志，进入操作。

（二）生产操作

1. 实验开始前，96 孔板应在超净台紫外灯下照射 2 个小时以上或者使用一次性 96 孔板。

2. 从培养箱中拿出培养瓶，观察，加 Hank's 液洗涤 2～3 次，用胰酶消化后，加 DMEM 营养液，计数。（方法同任务 3 肿瘤细胞传代培养。）

3. 加 DMEM 营养液，调整细胞浓度为 10 000 个/200 μl。

4. 加到 96 孔板内，每板 5 行 4 列共 20 孔，每孔 200 μl。

5. 盖上 96 孔板的盖子，拿出工作台，倒置显微镜下观察，标明名称，序号和日期。

6. 用乙醇棉球擦板，放入培养箱内，培养 24 小时。

7. 次日从培养箱中取出，镜下观察，拿到工作台内，用 200 μl 的微量移液器将孔内的培养基吸出。

8. 加入不同浓度的药物的无血清培养基，每孔 200 μl。

9. 盖上 96 孔板的盖子，拿出工作台，倒置显微镜下观察，用乙醇棉球擦板，放入培养箱内，培养 24 小时。

10. 从培养箱中取出，镜下观察，拿到工作台内，每孔加 5 mg/ml MTT 液 20 μl。

11. 盖上 96 孔板的盖子，拿出工作台，倒置显微镜下观察，用乙醇棉球擦板，放入培养箱内，培养 4 小时。

12. 取出 96 孔板，倒掉孔内的液体，每孔加 DMSO 150 μl，稍振荡待甲瓒充分溶解，放入酶标仪内（波长 570～630 nm），读数即可；或目测颜色的深浅变化。

（三）生产结束

1. 按《培养间操作规程》和《培养间清场操作规程》对仪器、房间进行清洁消毒。

2. 填写批生产记录，并签字。

3. 填写清场记录，经 QA 检查员检查合格，并签发“清场合格证”。

（四）标准操作规程

1. 细胞培养岗位标准操作规程。

2. 倒置显微镜标准操作规程。

3. CO_2 培养箱标准操作规程。

4. 培养间操作规程。

5. 培养间清场操作规程。

六、任务归纳总结

（一）生产工艺管理要点

1. 严格的无菌操作。

2. 加 DMSO 时，戴口罩和手套。

（二）质量控制关键点

1. 根据酶标仪测得的吸光度比较分析抗肿瘤药物的效果。

2. 操作间的消毒灭菌。

七、任务的拓展提高

细胞污染的判断和排除方法。

任务5　细胞冻存技术

一、任务介绍

在模拟仿真生产环境下完成细胞冻存工作。要求：

1. 学会细胞冻存技术。
2. 了解冻存细胞时的注意事项。

二、任务分析

为了防止因污染或技术原因使长期培养功亏一篑，考虑到培养细胞因传代而迟早会出现变异，有时因寄赠、交换和购买，培养细胞从一个实验室转运到另一个实验室，最佳的策略是进行低温保存。这对于维持一些特殊细胞株的遗传特性极为重要。

细胞深低温保存的基本原理是：在－70 ℃以下时，细胞内的酶活性均已停止，即代谢处于完全停止状态，故可以长期保存。在不加任何保护剂的条件下直接冻存细胞时，细胞内和外环境中的水都会形成冰晶，能导致细胞内发生机械损伤、电解质升高、渗透压改变、脱水、pH 改变、蛋白变性等，能引起细胞死亡。如向培养液加入保护剂，可使冰点降低。在缓慢的冻结条件下，能使细胞内水分在冻结前透出细胞。贮存在－130 ℃以下的低温中能减少冰晶的形成。

目前常用的保护剂为二甲亚砜（DMSO）和甘油，它们对细胞无毒性，分子量小，溶解度大，易穿透细胞。

细胞低温保存的关键在于通过 0～20 ℃阶段的处理过程，因为在此温度范围内，水晶呈针状，极易招致细胞的严重损伤。

三、相关知识

为保持细胞最大存活率，一般都采用慢冻快融的方法。

标准慢冻程序：

4 ℃　10 分钟；
－20 ℃　30 分钟；
－80 ℃　16～18 小时（或隔夜）；
液氮罐　长期储存。

四、任务需要的材料

1. 器材　吸球、无菌的吸管、离心管、塑料冻存管、冻存管架、低速离心机、－70 ℃低温冰箱、液氮罐、超净工作台、酒精灯、记号笔等。

2. 试剂　0.25％ 胰蛋白酶、细胞冻存液。

3. 材料　培养瓶中生长的贴壁细胞。

五、任务实施

(一) 操作前准备

1. 按《进入生产更衣程序》,操作人员进出十万级洁净区人员更衣规程进行更衣。

2. 检查操作间是否有清场合格标志,并在有效期内。否则按清场标准操作规程进行清场并经 QA 人员检查合格后,填写清场合格证,才能进行下一步操作。将“清场合格证”附入批生产记录。

3. 检查设备是否有“合格”、“已清洁”标牌,并对设备进行检查,确认设备正常,方可使用。

4. 挂运行状态标志,进入操作。

(二) 生产操作

1. 把细胞培养瓶从培养箱中拿出,拧紧盖子。

2. 观察瓶内培养基的颜色,是否浑浊等;放在倒置显微镜下观察细胞生长状况。

3. 放入超净工作台内,点燃酒精灯,拿培养瓶口在酒精灯火焰上转两圈以上,至少三秒。

4. 取下盖子,烧瓶口;倒掉培养基,烧瓶口。

5. 拿出 Hank's 瓶子,烧瓶口和镊子;用镊子将塞子取出,烧瓶口。

6. 用吸管吸取 3 ml 的 Hank's 加入培养瓶内,烧培养瓶口,来回晃动 Hank's 数次后倒掉 Hank's。重复此操作一次。

7. 拿出胰酶瓶子,烧瓶口和镊子;用镊子将塞子取出,烧瓶口。

8. 用吸管吸取 1 ml 的胰酶加入培养瓶内,烧培养瓶口和盖子,盖上盖子。

9. 拿出工作台外,在倒置显微镜下观察细胞,然后用乙醇棉球擦瓶口及瓶身,放入培养箱内;5 分钟后取出。

10. 在倒置显微镜下观察细胞的消化情况。若细胞变成单个圆形,则可进行传代。

11. 拿到工作台内,烧瓶口,取下盖子,烧瓶口。用弃去胰酶,烧瓶口。

12. 拿出培养基瓶子,烧瓶口和镊子;用镊子将塞子取出,烧瓶口。

13. 用吸管吸取 5 ml 的培养基加到培养瓶内,用吸管吹打成单个细胞悬液。

14. 用吸管将细胞悬液移至 5 ml 离心管中,盖上盖子,在离心机内离心,1 000 转/分离心 15 分钟。

15. 离心结束后,拿至工作台内,烧离心管口。去掉塞子,烧管口。

16. 弃上清液,加冻存液 2 ml 吹打,使细胞均匀混在冻存液中,再加 3 ml 冻存液,用吸管吸出打入多个冻存管中,每管 1.5 ml。

17. 盖上盖子,用封口膜封好,标上细胞名称和日期。

18. 按照标准冻存方式冻存。

(三) 生产结束

1. 按《培养间操作规程》和《培养间清场操作规程》对仪器、房间进行清洁消毒。

2. 填写批生产记录,并签字。

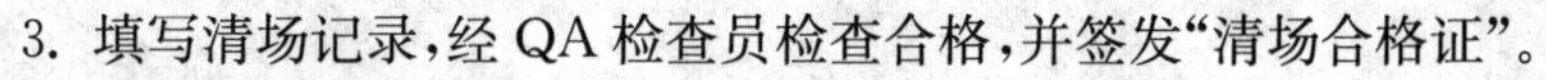

3. 填写清场记录，经 QA 检查员检查合格，并签发“清场合格证”。

（四）标准操作规程

1. 细胞培养岗位标准操作规程。

2. 倒置显微镜标准操作规程。

3. CO_2 培养箱标准操作规程。

4. 培养间操作规程。

5. 培养间清场操作规程。

六、任务归纳总结

（一）生产工艺管理要点

1. 严格的无菌操作。

2. 冻存管移动时要夹在冰块中间。

3. 液氮温度达－196 ℃，使用时要注意勿让液氮溅到皮肤上，以免引起冻伤。

4. 液氮容易挥发，细胞冻存后，要定期检查，及时补充液氮。

5. 慢冻是细胞冻存的基本原则，关系到冻存的成败。

6. 常温下 DMSO 对细胞有毒副作用，因此应将冻存液在 4 ℃条件下放置 40～60 分钟后使用。

（二）质量控制关键点

1. 操作间的消毒灭菌。

2. 通过复苏冻存细胞，检查细胞有无污染及其活细胞数，以及贴壁细胞复苏时贴壁情况，分析影响冻存细胞的因素。

七、拓展提高

细胞污染的判断和排除方法。

【附】 冻存液配制

培养基加入甘油或 DSMO，使其终浓度达 5%～20%。保护剂的种类和用量视不同细胞而不同。配好后 4 ℃下避光保存。

10 ml 冻存液配制：培养基 6 ml，小牛血清 3 ml，DMSO 1 ml。

任务 6　细胞复苏技术

一、任务介绍

在模拟仿真生产环境下完成细胞复苏工作。要求：

1. 了解细胞复苏的原理。
2. 学会细胞的常规复苏技术。
3. 了解细胞复苏时的注意事项。

二、任务分析

为了保证细胞外结晶在很短时间内融化，以避免缓慢融化使水分渗入细胞内形成胞内再结晶而对细胞造成伤害，细胞复苏时应采取快速融化的方法。

三、相关知识

细胞复苏技术相关的知识。

四、任务需要的材料

1. 器材　镊子；电热恒温水槽；离心机；超净工作台；酒精灯；吸球；无菌的吸管；无菌细胞培养瓶；记号笔；CO_2 培养箱。

2. 试剂　二甲基亚砜(DMSO，分析纯)；胰酶；10%～20% DMEM 营养液。

3. 材料　液氮中保存的细胞冻存管。

五、任务实施

(一) 操作前准备

1. 按《进入生产更衣程序》，操作人员进出十万级洁净区人员更衣规程进行更衣。

2. 检查操作间是否有清场合格标志，并在有效期内。否则按清场标准操作规程进行清场并经 QA 人员检查合格后，填写清场合格证，才能进行下一步操作。将“清场合格证”附入批生产记录。

3. 检查设备是否有“合格”、“已清洁”标牌，并对设备进行检查，确认设备正常，方可使用。

4. 挂运行状态标志，进入操作。

(二) 生产操作

1. 取一敞口瓶，内装蒸馏水，放入电热恒温水槽中，温度设置为 39.0 ℃。

2. 等达到 39.0 ℃ 30 分钟后，用镊子将欲复苏的细胞从液氮管中取出，快速放入敞口瓶内，晃动，使冻存管内完全融化。

3. 将融化好的细胞冻存管放入离心机中，以 1 000 转/分离心 10 分钟。(此步可以省略)

4. 用乙醇擦拭冻存管，放入工作台内。

5. 用镊子将封口膜夹掉，轻烧管口。

6. 倒弃上清液，用毛细吸管吸取适量营养液加入细胞冻存管中，并轻轻吹吸数次，将细胞悬液吸入已装有 5 ml 营养液的培养瓶内。

7. 烧瓶口，镊子和盖子；盖上盖子，做好标记，在倒置显微镜下观察。

8. 用乙醇棉球擦瓶口及瓶身，放入培养箱内。次日换液。

(三) 生产结束

1. 按《培养间操作规程》和《培养间清场操作规程》对仪器、房间进行清洁消毒。

2. 填写批生产记录，并签字。

3. 填写清场记录，经 QA 检查员检查合格，并签发“清场合格证”。

(四) 标准操作规程

1. 细胞培养岗位标准操作规程。

2. 倒置显微镜标准操作规程。

3. CO_2 培养箱标准操作规程。

4. 培养间操作规程。

5. 培养间清场操作规程。

六、任务归纳总结

(一) 生产工艺管理要点

1. 严格的无菌操作。

2. 整个操作都需要在无菌条件下进行，严防污染。

3. 将细胞从液氮罐中取出时，要注意防护，以防冻伤，最好能戴上橡胶手套操作。使用的细胞冻存管一般为商品化的塑料冻存管。

4. 步骤 2 中，蒸馏水不要没过冻存管口。

5. 所有步骤结束过 24 小时后一定要换液。

(二) 质量控制关键点

用倒置显微镜观察复苏后的细胞，可分析细胞的生长状态或通过染色检查细胞的活力。

七、拓展提高

细胞污染的判断和排除方法。

任务7 台盼蓝活细胞计数技术

一、任务介绍(任务描述)

在模拟仿真生产环境下完成台盼蓝活细胞计数工作。要求：

1. 掌握台盼蓝活细胞计数技术的原理；
2. 学会细胞计数和活力测定的方法。

二、任务分析

培养的细胞在一般条件下要求有一定的密度才能生长良好,所以要进行细胞计数。计数结果以每毫升细胞数表示。细胞计数的原理和方法与血细胞计数相同。

在细胞群体中总有一些因各种原因而死亡的细胞,总细胞中活细胞所占的百分比叫作细胞活力,由组织中分离细胞一般也要检查活力,以了解分离的过程对细胞是否有损伤作用。复苏后的细胞也要检查活力,了解冻存和复苏的效果。

用台盼蓝染细胞,死细胞着色,活细胞不着色,从而可以区分死细胞与活细胞。利用细胞内某些酶与特定的试剂发生显色反应,也可测定细胞相对数和相对活力。

三、相关知识

台盼蓝染色的原理和方法;细胞状况的判断。

四、任务需要的材料

1. 器材 普通显微镜;血细胞计数板;试管;吸管;酶标仪(或分光光度计)。
2. 试剂 0.4%台盼蓝;0.5%四甲基偶氮唑盐(MTT);酸化异丙醇或 DMEM。
3. 材料 细胞悬液。

五、任务实施

(一) 操作前准备

1. 按《进入生产区更衣程序》,培养基制备操作人员进出洁净区人员更衣规程进行更衣。

2. 检查操作间是否有清场合格标志,并在有效期内。否则按清场标准操作规程进行清场并经 QA 人员检查合格后,填写清场合格证,才能进行下一步操作。将“清场合格证”附入批生产记录。

3. 检查设备是否有“合格”、“已清洁”标牌,并对设备进行检查,确认设备正常,方可使用。

4. 挂运行状态标志,进入操作。

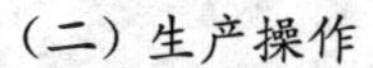

（二）生产操作

1. 细胞计数

(1) 将血细胞计数板及盖片用擦拭干净，并将盖片盖在计数板上。

(2) 将细胞悬液吸出少许，滴加在盖片边缘，使悬液充满盖片和计数板之间。

(3) 静置 3 分钟。

(4) 镜下观察，计算计数板四大格细胞总数，压线细胞只计左侧和上方的。然后按下式计算：

$$细胞数/ml=4\ 大格细胞总数/4\times 10\ 000$$

注意：镜下偶见由两个以上细胞组成的细胞团，应按单个细胞计算。若细胞团占 10%以上，说明分散不好，需重新制备细胞悬液。

2. 细胞活力

(1) 将细胞悬液以 0.5 ml 加入试管中。

(2) 加入 0.5 ml 0.4%台盼蓝染液，染色 2～3 分钟。

(3) 吸取少许悬液涂于载玻片上，加上盖片。

(4) 镜下取几个任意视野分别计死细胞和活细胞数，计细胞活力。死细胞能被台盼蓝染上色，镜下可见深蓝色的细胞，活细胞不被染色，镜下呈无色透明状。活力测定可以和细胞计数合起来进行，但要考虑到染液对原细胞悬液的加倍稀释作用。

3. MTT 法测细胞相对数和相对活力　活细胞中的琥珀酸脱氢酶可使 MTT 分解产生蓝色结晶状甲瓒颗粒积于细胞内和细胞周围。其量与细胞数呈正比，也与细胞活力呈正比。

(1) 细胞悬液以 1 000 转/分离心 10 分钟，弃上清液。

(2) 沉淀加入 0.5～1 ml MTT，吹打成悬液。

(3) 37 ℃下保温 2 小时。

(4) 加入 4～5 ml 酸化异丙醇，定容打匀。

(5) 1 000 转/分离心，取上清液酶标仪或分光光度计 570 nm 比色，酸化异丙醇（或 DMSO）调零点。

注意：MTT 法只能测定细胞相对数和相对活力，不能测定细胞绝对数。

（三）生产结束

填写清场记录，经 QA 检查员检查合格，并签发“清场合格证”。

（四）标准操作规程

1. 倒置显微镜标准操作规程。

2. 操作间清场操作规程。

六、任务归纳总结

对影响细胞计数和活力的因素进行分析。

（宋小平　彭文）

主要参考文献

1. 国家药典委员会. 中华人民共和国药典. 北京：中国医药科技出版社，2010.
2. 黄贝贝，凌庆枝. 药用微生物学实验. 北京：中国医药科技出版社，2008.
3. 祖若天，胡宝龙，周德庆. 微生物学实验教程. 上海：复旦大学出版社，1993.
4. 贾士儒. 生物工艺与工程实验技术. 北京：中国轻工业出版社，2002.
5. 谢梅英，别智鑫. 发酵技术. 北京：化学工业出版社，2009.
6. 吴根福. 发酵工程实验指导. 北京：高等教育出版社，2006.
7. 张建华等. 谷氨酸提取产业现状与无废化发展方向. 生物加工过程，2009，7(6)：1-4.
8. 张洪斌等. 发酵法生产右旋糖酐的工艺研究. 合肥工业大学学报(自然科学版)，2004，27(7)：783-787.
9. 章朝晖. 右旋糖酐的制备及应用. 四川化工与腐蚀控制，2001，4(1)：50-52.
10. 张洪斌等. 右旋糖酐蔗糖酶生产菌的产酶条件研究. 食品科学，2008，29(5)：303-306.
11. 中国药品生物制品检定所. 中国药品检验标准操作规范. 北京：中国医药科技出版社，2010.